U0570529

自控力

如何平衡自己的时间和生活

陈星宇 著

广东旅游出版社
GUANGDONG TRAVEL & TOURISM PRESS
悦读书·悦旅行·悦享人生

中国·广州

图书在版编目（CIP）数据

自控力：如何平衡自己的时间和生活/陈星宇著. 一 广州：
广东旅游出版社，2018.10（2024.8重印）
　ISBN 978-7-5570-1482-7

Ⅰ.①自… Ⅱ.①陈… Ⅲ.①成功心理－通俗读物 Ⅳ.①
B848.4-49

中国版本图书馆CIP数据核字（2018）第200641号

自控力：如何平衡自己的时间和生活
ZI KONG LI : RU HE PING HENG ZI JI DE SHI JIAN HE SHENG HUO

出 版 人　刘志松
责任编辑　何　方
责任技编　冼志良
责任校对　李瑞苑

广东旅游出版社出版发行

地　　址　广东省广州市荔湾区沙面北街71号首、二层
邮　　编　510130
电　　话　020-87347732（总编室）　020-87348887（销售热线）
投稿邮箱　2026542779@qq.com
印　　刷　三河市腾飞印务有限公司
　　　　　　（地址：三河市黄土庄镇小石庄村）
开　　本　710毫米×1000毫米 1/16
印　　张　14.5
字　　数　162千
版　　次　2018年10月第1版
印　　次　2024年8月第2次印刷
定　　价　59.80元

序 言

现代社会的生活节奏变得越来越快了，人们每天需要处理的事情也越来越多，但很多人并不能很好地去掌控自己的生活和工作。比如，没法合理地安排自己的时间，没法有效地分配自己的精力，总是在一阵忙碌之后也弄不清楚时间都去哪儿了。有的人时间永远也不够用，事情永远也做不完。也有的人总习惯把事情拖延到最后一刻才会着手开始完成。其实，这种状态就是一种生活的失控。

有时候我们对自己的失控状态有一种很清醒的认识，知道自己应该及时改掉这种毛病，但尝试各种办法过后总是半途而废，完全坚持不下去。我们想要真正地改掉这种坏习惯，就要从这种坏习惯的源头下手，也就是要弄清楚我们为何会失控，而在这种失控状态下自己又是如何表现的，认识到这些问题以后，我们再根据自己的实际情况来解决如何分配时间和精力，如何平衡生活和工作的问题，这样循序渐进的方法，是我们克服拖延症最有效的可行方案。

这本书就是带你认清自己的生活状态，找出你在时间规划方面的死角，并帮助你做出更加适合自己的时间计划表。对于不同程度的拖延症患者，我们也有不同的案例分析和实践指导，不仅教你管理时间，还会教你如何高效率地利用时间。

快节奏的生活方式随之带来的就是高负荷的精神压力，很多人不知道该怎么去释放自己的压力，从而导致自己的生活和工作陷入

1

一种恶性循环，这也是一种失控。我们说要提高自己的自控力，要过一种自控的生活，就是说要让自己有能力去控制自己的生活。它是一个人对自身的冲动，感情，欲望，或者是面对一些事物和突发情况的自我控制能力。我们提高自控力，就是提高自己对生活和事业的控制感，在这期间，我们就要学会支配自己的人际关系，支配自己的人生走向。

当你变得能够很好地控制自己的注意力，控制自己在各种场合之下的情绪和行为，能够更好地面对自己承受的压力，能够更好地协调自己的生活和工作，能够更好地分配自己的时间和精力，能够更好地融合家人或者同事之间的关系的时候，你就变成了一个自控力的强者。

目 录

Part 1 **人人都是规划师：**
布局时间的人不会过"吃土"的人生

不要总是问时间都去哪里了，而是应该问问自己一天都干了些什么。在对待时间这个问题上，你有没有主动规划，有没有合理调配？规划人生的第一件事情就是规划自己的时间，跟着做，你就是自己的规划师。

Part 2　成为高效能人士：
别总是习惯在最后一刻才开始

为什么我们很难喜欢自己手头上的工作？为什么我们想要改掉一个坏习惯总是那么难？为什么我们总是学不会去拒绝别人？为什么我们总有很多想完成却没有完成的事情？解决这些困惑的第一步就是看看高效能人士在如何应对这些问题，然后跟着学习吧。

Part 3　自觉力：
为什么你永远追不上别人

人的一生从未停止过追逐，我们在追求更高的梦想，我们在追求更美好的生活，我们希望自己比别人做得更好。但是我们在看向远方的时候，也应该多注意自己的脚下。脚踏实地，享受当下，才能站得更稳，走得更远。

Part 4   **注意力的焦点：**
那些让你喊累的到底是什么事?

生活中有太多让我们感到累的事情，对此，我们需要分散太多的时间和精力来解决这些问题。但很多时候，让我们感到累的并不是外界的压力，而是我们自己的内心。好好跟自己相处，才能赢得轻松自在的人生。

Part 5   **无兴趣，不人生：**
聪明的人从不无趣

生活的无趣在于人的无趣，生活的平淡在于技艺的平淡。如果我们兴趣爱好颇多，生活技艺丰富，那么，生活将处处充满了惊喜。找到自己喜欢的事情，并努力去把它经营好，生活的乐趣就在于此。

Part 6 变阻力为助力：
最有效的自控是尽力而为

在复杂的社会生活中，我们每个人都有很多个角色和身份，每一段关系都需要我们用心去维护。因此，做好角色转换是维护一段关系必不可少的环节。除了工作，我们还有生活，除了同事，我们还有家人。两方面，我们都需要尽力而为，将种种阻力变成助力。

---

* get 新技能：网络用语，意为获取新技能

Part 7 碎片化时间：
少问为什么做，否则赢的总是别人

碎片化时间分布在我们生活的角角落落，一不留神就会被我们忽视掉，而时间也就这样白白流走。如何去抓住这些时间并加以高效利用呢？分类管理才是高效利用时间的关键。

Part 8 自律者的仪式感：
从假装很忙到假装很闲

都说自律的人才能得自由，但似乎我们每天的生活都是一个忙乱的状态。这其实是一个误区，我们要有所舍弃，知道什么时候该干什么事情，并清楚怎么去做这件事情会更加有效率。学会自控，是走向自由的起点线。

PART 1

人人都是规划师
布局时间的人不会过"吃土"的人生

不要总是问时间都去哪里了，而是应该问问自己一天都干了些什么。在对待时间这个问题上，你有没有主动规划，有没有合理调配？规划人生的第一件事情就是规划自己的时间，跟着做，你就是自己的规划师。

争取时间，像谈恋爱一样主动

每天睡觉之前，很多人都会回想一下自己白天的经历。其中大多数人都会有这样的疑问：自己每天忙忙碌碌，事情却也做得不够多，而且自己也不是很清楚，一天的时间到底去了哪儿呢？对于粗心大意的人来说，即便他们一时产生了这样的疑问，也不会对他们的行为带来多大的指导意义。而只是继续这样忙忙碌碌地一周接着一周，一月接着一月，一年接着一年。等到年终总结的时候，心里最大的疑惑还是时间都去了哪儿？

而对于有心之人，当他们思考到这个问题的时候，就已经明白，这正是他们需要改变的时候。如果是每天不知道自己做了什么，不知道自己的时间都花在了哪里，那我们首先就要反思几个问题：我对待自己时间的方式是否合理？为了让时间变得更加高效，我是否有主动并且提前去安排和规划？或者只是听之任之，在受时间的支配？

有一对靠种地为生的夫妻住在深山里，有一天早上，男子起床对老婆说，自己要早点去地里看看，准备今天耕完屋后的那块地。可是，当他到达屋后的农田时，他才发现机器没油了，没办法耕地，所以他马上又起身准备去给机器加油。刚想到这里，他又突然记起家里的四头猪崽还没有人喂，他又担心没吃饭的猪崽被饿瘦了，于是他临时改变主意，决定先不给机器加油，而是回家喂猪。

正在他往回走的时候，路过了家里的小仓库，看到仓库门口躺着几个土豆。而这几个土豆又让他联想到自己在地里刚种下的土豆，想到这会儿那些土豆应该已经发芽了，必须要过去看看。所以，男子又改变了自己的方向，朝地里的土豆走去。

没走几步，他又经过了家里堆放柴禾的木房，突然又想起老婆前几天跟自己说过家里的柴快烧光了，得运一些柴回去了。于是他走近柴房，刚一推开门，发现有一只受伤的鸡躺在柴房的角落，他定睛一看，认出那是自己家里丢失的那只鸡。于是他又想先把鸡抱回家，给它包扎一下受伤的腿部。

就这样反反复复，男子想到一件新的事情便忘了之前的任务。从太阳刚升起就出门，一直到太阳下山才回家，这样早出晚归地忙了一天，可是却什么也没有干成。地没耕，猪没喂，柴禾没有运，小鸡也没救成，但一天的时间却实实在在地过去了。

很多人都可以在这个男子身上找到自己的影子，时时刻刻都在受手上事情的支配，似乎没有一点主动权。在图书馆的自习室，本来想安安静静地看一下书，结果突然想到一个好玩的游戏，于是马上拿起身边的手机，才玩了两局就到了吃饭的时间。

于是收拾好东西去食堂，想着下午再继续看书。等到下午的时候，又刷到好玩的微博，忍不住和朋友分享了截图，结果一来二去聊了整整一个下午。看着自习室桌子上摆好的书，又想到晚上再来继续看书。可到了晚上，有朋友约着出去逛夜市，看书这件事情又抛到了脑后。这就是我们忙碌而一事无成的一天，不知道中招的人有多少？

试想一下，如果这个种地的男子准备要耕地之前就将自己的工具检查一遍，并及时地为机器加好油，那么，这一天的时间，最起码能保证屋后的地耕完了。而对比一下我们，如果我们能规划好自己的学习时间，给自己制定一个学习任务，并严格按照要求来执行，而不是毫无准备和规划，任由事情牵扯着自己，走到哪里就想到哪里，想到什么就做什么的话，学习成绩想不提高都难。

我们把这种对时间的主动出击比喻成一种男人对女人的主动追求，两个人想要达成恋爱关系，那一方对另一方的主动表白是必不可少的。同样，想要掌控自己的时间，那就必须得主动对时间进行有效规划，这样才能为自己争取到更多的时间。

【智慧屋】

最重要的放在第一位

做时间规划之前，我们首先要对自己手头上的事情做一个有效筛选。所谓有效筛选就是要分清事情的主次，按照事情对我们的重要程度来进行一个分类和排序。比如你既想复习功课又想和朋友逛街，这个时候你就要明白复习功课对你来说是更重要的一件事。在这个前提之下，我们规划出来的时间表才是最可行最有效的。

如何规划要因人而异

很多人不知道怎么去规划自己时间的时候，会旁观模仿别人的规划经验，然后分文不动地照着搬过来。在别人的规划表里，写着六点起床，然后你给自己规定的也是六点起床，却忽略了别人睡觉的时间比你早了足足一小时。所以，我们说主动去安排自己的时间，并不是说要和那些看起来优秀的人保持同

5

样的步调，而是要结合自己的实际情况，找准自己的工作时间点。只有通过这种方式做出来的计划才最适合自己，也才容易让自己照计划行事，并且更久地坚持下去。

不要让计划书变成一张废纸

计划写得再漂亮，不去执行的话还是一张毫无意义的白纸。既然我们花费时间和精力制定了一份适合自己的时间计划表，最后的实行才是不容忽视的一步。当然，想要从刚开始的懒散杂乱变成最后的高效有序也不是一蹴而就的。在计划书出来以后，我们可以分两步来完成，即时间点部分和内容部分。第一步，你要遵守自己列出来的时间点，即到什么时间就做什么事情。即使手头上没有完成的工作也要暂且放一放，形成一种时间意识。

第二步，当你的时间意识形成以后，如果还有工作不能在规定的时间内完成，那你就需要考虑以下两个问题了：是否需要适当地提高一下工作效率？是否需要稍微调整一下时间计划表，给这项工作留出更多的时间？在发现问题和解决问题的过程中，你在不断地调整自己的工作效率和计划表，最终让你工作得心应手的那份计划，也就是最适合你工作和生活状态的那份计划就可以确定了。而在这个不断调整和修改的过程中，你的时间管理意识和能力也在不断提高，何乐而不为？

如果懂得规划，谁还会拖延至死

还有三天就要考试了，你一脸淡定地推开手边的复习资料，打开没有追完的剧，安慰自己说看完这一集马上就开始复习。结果看完一集忍不住又点开了下一集，就这样，一集接着一集，一直看到了吃晚饭的时间，而手边的资料还一页都没有翻开。等到考试的前一天晚上，你才开始着急发慌，于是在寝室点灯夜战，连夜苦读。以上的这种描述，有没有和生活中的你很像呢？据说，如果一不小心中了招，那只能恭喜你已经成了一个名副其实的拖延症患者。

其实遇到这种情况的时候，每个人的内心都是抗拒的。但事态还是不听使唤地发展成了拖延至死，似乎冥冥中有一种神秘的力量在控制着自己，想摆脱又摆脱不掉。生活中的我们早已经习惯了自己的各种拖延，所以这也让自己陷入了一种恶性循环，认为所有的事情到最后总是会得到一个解决的方案，而早一刻着手解决还不如多玩一会儿，大可以先等等再说。其实也有相关调查的研究数据显示，绝大多数人在工作拖延到最后的时候，都没有办法进行充分的思考，因而最终的工作结果也不能让自己感到满意。而这些人都有同样一个想法：如果再多给自己一点时间，那这项工作一定可以完成得更好更出色。

既然都认为再给自己一点时间工作可以做得更好，那为什么都

7

不肯在接到工作的那一刻就认真投入工作呢？这有点像一个世纪难题。有一个关于拖延症的笑话是这么讲的：在《西游记》里，每次有妖怪抓到唐僧以后，下面的随从都会问："大王，我们什么时候开始吃唐僧肉？"而大王每次都会回答："不急。"要么就是说等自己收拾了孙悟空再来吃，或者就是等请来了自己的好朋友就一起吃。有人说，这些事儿正好告诉我们一个道理：凡事都不能拖延。

某个寺庙里有两个和尚，一个和尚比较富有，大家叫他富和尚。另一个和尚比较清贫，大家叫他穷和尚。有一天，这两个和尚在院子里晒太阳，穷和尚对着院子外的世界说："我想出去旅行一趟，就去我日思夜想的南海，你觉得怎么样？"

坐在他旁边的富和尚听完慢悠悠地答道："南海那么远，您无车无马也无船，要怎么去呢？"

穷和尚听完顿了顿，不慌不忙地说道："虽然我无车无马也无船，但这些对于我来说都不碍事。我只需要一个水壶和饭钵就可以了，带着它们我就可以出发了。"

富和尚听完一脸震惊，随即说道："这里距离南海起码有几千里的路程，我以前也一直想要去，还打算雇条船。即便是这样最终也没有成行，现在你告诉我你带着一个水壶和饭钵就可以出发去南海，是不是太可笑了？"但穷和尚听完只是笑笑不说话，暗地里开始准备自己去南海需要带的东西。

没想到一年以后，穷和尚真的从南海回来了，他一踏进寺庙就开始为富和尚讲解自己一路上的见闻。而富和尚一边听着，一边面露愧色。他感叹自己说了那么多次要出发去南海，而在出行条件比穷和尚好很多倍的前提下，最终都没能完成自己这个心愿，却眼睁睁地看着穷和尚带着一个水壶和饭钵就去南海走了一遭。

不知道现实生活中的你是这位富和尚呢还是这位穷和尚？更准确地说，你是拖延至死还是立马行动？我们知道，穷和尚和富和尚都有一个共同的心愿，那就是去南海，但最终完成心愿的却只有穷和尚，这是为什么呢？

从富和尚说的话中我们可以看出，他虽然有这个心愿，但一直都只是一个想法，并没有付诸实践去具体规划，而是永远都在等待一个合适的时机，比如等天气再好一点，等手上的钱再多一点，等雇到的船再大一点。这些行为是不是像极了我们平时为自己找的一些借口？需要参加一个考试的时候，我们会说等准备好了再报名，可实际情况就是永远也不会着急去为考试做准备。所以考试这件事情只能一拖再拖，最后不了了之，哪天再想起来的时候，又接着感慨。

我们都愿意做穷和尚那样的人，自己想去的地方最终能够去到。但我们也不能忽略，穷和尚之所以能说到做到，与他合理的规划是分不开的。当他想到要去南海的时候，他就已经开始根据自己现有的经济条件来规划可行方案了。在他的能力范围，他雇不起马车和船，所以只能靠步行。那一路上饿了渴了怎么办？只能是自己去化斋食，所以他只需带上水壶和饭钵。包括一路行走的路线和歇脚的时间，他都有自己的想法和打算，所以他能够顺利到达南海，再顺利回到寺庙。如果富和尚同样懂得如何规划自己的行程，以他的经济条件，他一定能先于穷和尚到达南海，何至于别人已经去了回来了，他却还在原地一动也没动？

有时候决定我们能走多远的并不是我们的经济物质等外在条件，而是一个叫作行动力的内在条件。曾经有人说过这样的话："一次又一次的拖延，一次又一次的错过，人生的差距，就是这样被拉开的。

如果很多事你在第一时间就去做了，没有拖延，没有浪费时间，现在的你会在哪里？"

对于一件事情，原本你可能有十分的热情，但是慢慢拖延下去，十分会变成七分再变成五分，最后只能慢慢淡化成了三分或者一分。就像这两个和尚一样，富和尚在自己十分想去的时候没有着手规划，把去南海这件事情搁浅了，所以到最后也没能去成。而穷和尚在自己有十分热情的时候就开始慢慢规划，最后按照自己的计划行事，心愿达成。

【智慧屋】

你的目标是什么？

在做时间规划之前，你需要弄清楚这个问题，明白自己一番规划最终想得到的结果是什么，或者想要达到何种目的。比如，你给自己树立的目标是一年减肥三十斤，那你规划的重点就是控制饮食与增强运动方面。而如果你的目标是每周读完一本书，而且还要写读书笔记，那你就要列出详细的书单，并做好读书笔记。你给自己的目标尽量要具体一点，正面一点。比如减肥，你可以说变成一个苗条的美女，读书，你可以说成为一个知识渊博的学者。当你的详细规划做出来以后，你一定不能忘记自己最初的决定，跟着做就对了。

总结，让你离目标更近

当你在自己的规划书中尝到甜头以后，坚持下去对于你来说就变得更加容易了。而怎么样去发现这种"甜"以及得到这种"甜"呢？那就需要我们平时对自己的行为和成果多加总结。比如，你给自己定下的大目标是一年减肥三十斤，坚持了三个月以后，发现自己的体重已经有很明显的下降，如果按照这个速度，那三十斤的目标一点问题也没有。这样你就需要总结一下自己这三个月以来的饮食情况和作息规律，都吃了什么东西，做了哪些运动等。这些良好的习惯就可以在接下来的时间里延续，而某些对减肥不利的事情，比如吃夜宵等，就要从后面的规划清单上画掉。这样一步一总结，很容易看到自己的成绩和不足，鼓励自己再接再厉的同时，也督促自己要做得更好。

老好人，为谁辛苦为谁忙？

　　在这个每人都忙忙碌碌的时代，有时候自己的时间除了属于自己，还有很大一部分是属于别人的。为什么这么讲呢？在生活和工作中，我们难以避免地会收到来自别人的请求，不管事情大小，总是让人难以拒绝。久而久之，你成了别人眼里有求必应的老好人，而自己的生活却变得一团糟。

　　是什么原因让你难以开口说出自己心中的不呢？面对各种无理请求，如果你委婉地拒绝掉，结果又会怎样呢？同事一而再再而三地让你帮忙赶项目，你丢下自己手上的工作去为他加班加点，自己因为工作没完成却被老板痛批一顿。朋友说周末无事可做，让你陪他逛街，你积攒了一周的家务又被搁置一旁，大半夜回来干到凌晨一两点，第二天精神状态很不佳。像这种例子在生活中不胜枚举，因为你不好意思开口拒绝，所以你失去了很多属于自己的时间，让自己原本有序的工作和生活成了服务他人的牺牲品。

　　陈艳是一家上市公司的行政文员，平时的工作很多，所以每天都很忙。但即便是这样，每天还是会有很多同事请她帮忙。不管她自己有多少工作，对于这些请求，她都一一应承，丝毫也不推诿。有时候，她为了帮助别人，不得不放下自己手上的工作，等忙完别人的事情以后，再接着干自己的工作。

正因为如此，她成了大家眼里的老好人，也深受身边同事的喜欢和吹捧。

年底的时候，公司有一个经理岗位空缺，想从内部挑选一个合适的人选来担任这个职务。陈艳对自己很有信心，认为自己平时为大家付出了很多，这一次的好事应该轮到自己了，也算是默默工作这么久以来的回报了。

但最后的经理人选却出乎她的意料，公司把这个职务给了另一位女同事而不是她。这位女同事在大家眼里有点不近人情，平时让她帮个忙什么的她都用这个理由推辞掉：她不是那种随便答应帮助别人的人。这个结果让陈艳心里很不平衡，她跑到总监办公室，向她说出了自己心中的疑问。

总监回复陈艳说："实不相瞒，在这次高管决定经理人选的时候，确实有人提议过让你担任这个职务，但后来马上就被否决了。因为大家发现，虽然你平时很热衷于给别人帮忙，但自己的分内之事和本职工作却做得不是特别好。而且你专业技能提升得也不是很快，所以大家讨论决定再对你考核一段时间。最重要的是，管理层面的领导对你有所担心，因为你不懂得拒绝别人的请求，是大家眼里的老好人，如果真的把你放在这个岗位，怕你没有这个能力应付，也没有自己坚守的原则。"

总监的这番话让陈艳一下子醒悟过来了，平时自己的一大部分时间都用来应付别人的请求上了，导致自己留在工作上的时间很少，也没有多余的时间用来提升自己的专业技能，让自己错失良机。想到这里，她顿时觉得懊恼不已，并痛下决心，以后一定要学会说不，一定要用更多的时间让自己变得优秀。

相信很多人在职场中都经历过陈艳的这种困惑，以为帮助别人就是做了很大的贡献。殊不知，在竞争激烈的职场里面，最终比较的还是自身实力，而不是人缘好坏，或者是帮助别人的热心程度。老好人最后只能是老好人，而善于拒绝别人请求的人，不一定就是坏人。他们往往懂得如何去爱自己，如何对自己更负责。

所以，当别人开口让你帮忙做某件事情的时候，而这件事情让你感到为难，或者对你而言是出力不讨好的时候，最好的办法就是早点拒绝，以避免后续的麻烦。

【智慧屋】

树立自己的原则

在职场中，原则性是非常重要的。如果你在同事中树立了自己讲原则的形象，那些胡乱请求你帮忙的人自然会主动退避三舍，不会轻易开口。比如，在平时的工作中，你可以给自己的要求高一点，凡事精益求精，绝不马虎应付。这种形象一旦在公司树立起来以后，大家就会对你形成一种工作极其认真的印象，自己的事情如果干不好，绝不会轻易放手。所以在请求你帮忙这件事情上，自然也会多几分考虑。这个方法如果用得好，不需要费尽脑筋地去想拒绝的词汇，大家都已知晓你行为处世的原则，所以也省心省力。

别人脸皮厚，那你就得更厚

网上流行着这样一句话："不要不好意思拒绝那些为难你的人，反正这些好意思为难你的人都不是什么好人。"我们身边确实不乏这类脸皮厚的人，他们很少考虑别人的时间和感受，永远都把自己放在第一位，所以会对别人提出各种无理的请求。

这个时候，最好的应对这种厚脸皮的方法就是，你的脸皮要比他更厚。比如，在你忙得焦头烂额不知所措的时候，跑过来一个同事跟你说自己今天晚上同学聚会，能不能帮忙把手上没有处理完的工作做完。这个时候你不要不好意思，也不要顾忌太多，直接告诉他："要不你先帮我做完我手上的工作，然后我再帮你做你的工作？"这种回应不会太伤及颜面，也能让他看到你的难处。

做好人，但不做老好人

有些人，一旦被别人贴上了"好人"的标签，就很享受这种状态。所以当你第一次帮助别人，得到别人"好人"的称赞以后，再有第二次第三次，甚至更多次帮忙的时候，你就会因为"好人"这个头衔而无法拒绝了。我们说，做一个好人，但不是做一个老好人。成为别人眼里的老好人其实没有那么重要，这个好人标签只会一点点让你失去自我，不管在时间和精力上，你都要拿出很多来分给别人。当你帮助了别人，别人称赞你真是好人的时候，你也应该学会拒绝这种标签，向其坦言，也有很多事情是自己做不到的，而且自己也有为难的时候，也有需要大家帮助的时候。

忙碌为生存，闲适为生活

在《平凡的世界》这本书里有这样一段话："生活不能等待别人来安排，要自己去争取和奋斗。而不论其结果是喜是悲，但可以慰藉的是，你总不枉在这世界活了一场。"回过头来看我们自己，平时忙忙碌碌的工作是生存所需，也多多少少带着被别人安排的意味。

但除开生存，我们还需要有一点更高的追求，那就是生活。如果你能够认识到这一点，你就会改变自己对生活的看法。除开为了生存在工作上永无止境的忙碌，你还需要留一点空闲给自己的生活。不能像捡了芝麻丢了西瓜一样，把自己的时间压榨得只剩下挣钱养家，而没有了梦想。

生存与生活看似只有一字之差，却是我们活着的两种不同境界。有的人一辈子都停留在生存的台阶上不向前一步。而有的人很早就已经学会忙着生存的时候，也享受生活。法国作家雨果用一句话就道出了其中的真谛，他是这样说的："人有了物质才能生存，人有了理想才谈得上生活。你要了解生存与生活的不同吗？动物生存，而人则生活。"

有一个纪录片曾经讲过这样一个故事：一个在德国的中国留学生没有专注学业，而是在外界的诱惑下迷恋上了赌博。他每天要做的事情就是吃饭睡觉进赌场，没过多久他将自己的钱财输得一干二净，妻子与他离了婚，他还失去了自己的工作，最终导致破产。还欠下了五十多万欧元的赌资，整个人接近崩溃边缘。

在国内的哥哥得知弟弟的情况以后，决定要帮助他戒掉赌瘾，并让他的人生恢复到正常轨道，那个时候，哥哥已经有五十岁，做这个决定的时候并不容易。他要去德国打工为弟弟还债，但自己的妻子身体状况有点差，而且女儿正在上高中，家里正是需要他的时候，这让他很是为难。最终，他还是踏上了去德国打工这条路，妻子一气之下和他离了婚。

到德国找到弟弟以后，他做的第一件事就是带着他找到那些地下赌场进行谈判。他对负责人说："我弟弟现在一无所有，而我和他一样，也是一个一无所有的人，我只身从中国来到德国，就是为了拯救我弟弟。如果你们还要放他进赌场去赌博，那他欠下的债务我不仅不会替他清偿，必要的时候，我还会采取报警等措施。如果你们想取走我的性命，我一点儿也不害怕，随便你们。"经过这番谈判以后，弟弟经常去的那三个地下赌场再也没有放他进去过。

这件事情办完以后，他开始琢磨着带弟弟去学一门手艺。最终他在一家华人蛋糕店帮弟弟找到一个学习制作蛋糕的机会，而他每天都要保证弟弟身上的钱总共不能超过一欧元。这样的日子坚持了一年，他又想办法筹了点钱，和弟弟一起在唐人街开起了蛋糕店。由于蛋糕味道不错，品质有保障，加上背后还有解救弟弟的动人故事，所以蛋糕店的生意还算不错。

很多人以为能做到这里已经算是相当困难了，最起码两个人的生活有了保障，能够在德国生存下来了。接下来就只需要把店里的生意做好，多赚点钱保证能生存得更好就行了。但哥哥却并没有因此停下自己的脚步，他走访唐人街的很多商户，成立了自己的互帮会，目的就是团结华人,帮助那些初来德国或者在德国有困难的中国华人。不久他的名声就传开了,虽然他还欠着很多债,但早已成了一个传奇人物在坊间流传。

异国他乡的日子并没有让他忘记自己的妻子和女儿,他写了很多封信回国,给妻子讲述这样做的无奈和苦衷,表明自己如果不来德国,弟弟就会死在这里,所以希望能够得到她们的原谅。

他初到德国的时候是五十岁,等到他六十岁的时候,有记者过来采访他,他说弟弟欠下的巨额赌债已经快还完了,而他也没有再出去赌过。而是利用互联网做起了外贸生意。在自己的努力请求下,妻子也原谅了自己,已经答应复婚。

其实可以想象,在异国他乡的他,光是为了生存就已经很艰难了,更何况还要替弟弟还债,帮他走出人生的困境。我们有时候也会抱怨说自己的工作实在是太忙了,根本没有时间去做别的事情了,所以也懒得追求什么生活不生活的了,觉得那些事情离自己遥远也与自己没有关系。但这位哥哥却不一样,他在德国生存下来以后,每天的日子难道就不忙吗?但他还在竭尽全力做自己想做的事情,成立互帮会帮助更多的人。这对于他来说,就是除了生存以外,更有意义的生活了。

追求生活就是追求一种更高的人生状态,就是追求一种乐观的人生态度。

我们忙碌的时候就像做工的牛一样,被生活耍的时候就像猴子一样,累到不能动的时候就像狗一样。但即便是这样,我们还是有享受生活的权利,我们最终还是不能忘记要追回我们自己,给自己生活的享受。

【智慧屋】

保存一点理想

我们说，理想源于生活也高于生活，而生活的理想就是理想地生活。所以，在我们求得生存之外，适当地给自己一个需要一点努力才能达成的小目标，是保持生活新鲜感的一个妙招。比如，我们工作为了挣钱，那我们挣钱又是为了什么？每个人都有自己不同的答案，你可以时刻记住自己的答案，并努力为了实现心中的这个理想而保持自己对生活的热情。

阅读，发现不一样的自己

有人说，最轻松改变自己的方法就是读书。一边是柴米油盐，一边是琴棋书画，这才是一个完整生活该有的样子。每天要抽一点时间来阅读并不是一件太难的事情，比如每天吃完中饭休息的间隙，或者每天晚上睡觉之前的那段时间，都是可以好好利用起来的。当你有了这个习惯以后，你的心界和眼界就不会仅仅停留在生存的问题之上了。

让心里的阳光多一点

人活到底，最终活的就是一种心态。我们也很清楚自己的负面情绪对问题和困难并没有什么实际帮助，相反，这些情绪还会让问题变得更加糟糕。但如果我们的心态是乐观的，那解决问题也就会变得更加积极。比如，看到同样半杯水，悲观的人会说杯子里只剩下半杯水了，而乐观的人则会说，杯子里还有半杯水！如果我们把自己的注意力过多地放在我们已经失去的东西上，那我们一辈子都只能与生存这个问题来回纠缠，而没有了自己生活的空间。

关不掉的手机与睡不着的夜晚

现代科技的发展让人养成了很多新的习惯，比如手机，已经成了人类最亲密的朋友。早上醒来的第一件事情就是打开手机，晚上睡觉之前的最后一件事情也是抱着手机。吃饭看手机，走路看手机，聚会看手机，开会还看手机。上课看手机，上厕所也看手机。很多人的状态就是，如果离开了手机就没法活了。手机像一个魔爪，伸入我们生活的方方面面，也攫取了我们太多的时间和精力，成了我们拿得起放不下的东西。

除此之外，也有越来越多的人在晚上喊着失眠睡不着，继而拿起手机继续刷，而刷着手机的自己也越来越清醒，越来越睡不着。似乎永远陷入了这个无止境的恶性循环，不可自拔。我们在抱怨自己没有时间，却不会反思自己为什么没有时间，自己的时间都去了哪儿，如果我们放下手机，世界又会变成什么样？

小豆子今年九岁了，第一次和爸爸出远门去旅行。当他们上了地铁准备去火车站的时候，小豆子立马变得兴奋起来。他和爸爸找到位置坐好之后，爸爸便掏出随身携带的手机，低下头沉浸在自己的世界里。而小豆子则开始四处张望，他对地铁外的广告牌充满了好奇。

突然，他看到广告牌上一个自己很熟悉的卡通人物，不由兴奋地推了推旁边的爸爸。但爸爸头也没抬，很不耐烦地问了一句："怎么了？"小豆子回头看着爸爸，一句话也说不出来。过了一会儿，他低声地说了一句："能陪我一起看看外面的风景吗？"旁边的爸爸却一点反应也没有，依旧是低着头认真地看着手机。

过了一会儿，小豆子又去找爸爸，让他陪自己玩会儿。这一次，爸爸真的对小豆子失去了耐心，马上发了火，对他吼道："你就不能自己好好玩会儿吗？干吗非要跑到这里打扰我，真是太不懂事了。"

小豆子见爸爸变了脸色，马上哇哇大哭起来，旁边的人极力劝阻，才让小豆子停住了哭声。

这样的场景在生活很是常见，包括我们自己，可能正是一个这样的父母。平时觉得自己没有时间陪家人，陪孩子，可等到真正有时间在一起后，我们却依然迷恋口袋里的手机不肯放下。如果真的是这样，出去旅行对他们来说，也只不过是换个地方玩手机而已。而把孩子的需要陪伴说成是一种不懂事，这种行为其实是自己的不懂事。

当我们为不知道时间去哪儿了而惆怅的时候，有没有计算一下我们每天花了多少时间在手机上？有调查显示，每天有超过百分之二十七的上班族花四到八小时的时间在手机上，几乎等同于自己工作的时间。而下班和周末能关掉手机的人几乎没有。更有甚者，平均一分钟就要低头看一下手机，查看消息，关注新闻，刷刷微博是我们打开手机最主要的事情。看到这里，你还认为自己的时间下落不明吗？

另一项数据更是直接揭示了手机与睡眠之间的微妙关系：一份数据显示，一天使用三小时或超过三小时电子产品的青少年，睡眠严重不足的可能性比没有使用或少使用的青少年高出百分之二十八。而各种社交网站的出现，也让这些网民缺觉的可能性增加了百分之十九。

可怕的是，很多人已经养成了睡觉前看手机的习惯，如果哪天没有做这件事情，那就会焦虑得睡不着觉，心里空空荡荡，不知如何是好。

现在的手机不仅仅影响着我们的家庭关系，还威胁着我们自身的身体健康，所以，放下手机，才有可能拥抱他人和自己。

不要再只是抱怨自己时间少，自己太忙碌，而应该分析一下自己每天的空余时间都做了哪些事情。如果你得出的结论是：每天根本没有什么空余时间，因为这些空余时间都被用来看手机了。那对于你来说，真的是时候放下手机了。

【智慧屋】

少装一些社交软件

市面上充斥了各种数也数不清的社交软件，美其名曰让人与人之间的距离变得更加亲近，也让交朋友这件事情变得更加方便。所以，很多人的手机上都下载安装了不止一款社交软件。这样会让自己有一个不好的错觉，即每次拿起手机后，要把这些软件挨个打开来查看一遍，看看有没有什么重要信息被自己遗漏了，或者有没有自己没有回复的消息。这样转过来一遍还不过瘾，还要挨个打开第二遍。这样一番工作完成以后，时间至少过去了半小时，所以，你在感慨自己时间去了哪里的时候，先数一数自己手机上有几款社交软件吧。

少在孩子面前玩手机

你是否经常看到这样的画面：一家三口吃完晚饭，爸爸客厅角落对着电脑玩游戏，妈妈拿着手机躺在沙发上刷微博，孩子坐在一边不知道做什么，一会儿看看爸爸，一会儿看看妈妈，但没有一个人愿意搭理自己。在这样的家庭氛围之下，孩子怎么可能健康成长。我们提倡亲子互动，就是要让爸爸妈妈和孩子一起交流玩耍。

对此也有人理解为，再给孩子买个手机让他也玩，这不就是一起玩耍了吗？其实不然，孩子需要的更多的是来自和父母的互动，放下手机，陪陪身边的孩子吧。

今天的状态里藏着你昨天的经历

电影《卡萨布兰卡》里有这样一句话：如今你的气质里，藏着你走过的路，读过的书，和爱过的人。不错，你今天的样子，就是你昨天经历的一种呈现。如果你今天是懒散且随意地度过一天，说明你昨天也不是勤奋又精致地在度过。如果今天的你过得井井有条，有理有序，那昨天的你也不是肆意妄为，无理取闹之人。坏习惯的形成不在一朝一夕，同样，好习惯的培养也不在一朝一夕。

既然你今天的状态里藏着你昨天的经历，那不妨倒过来想一想，明天你想成为什么样的人，那从今天开始，自己就对着这个目标努力活成自己心中想要的模样。

这件事情就好比我们平时锻炼身体一样，一天两天可能一点效果也看不见，但一年两年，或者十年二十年，你就会看到锻炼的人与不锻炼的人存在着巨大的差距。又好比是读书一样，也是要日积月累，才能成为你气质里的一部分。

有一家大型外资企业面向大学毕业生招聘，工资和待遇都很诱人，但对学历和英语要求都相当高。在这种严苛的条件之下，依然有不少前来应聘的人。通过层层面试，最终留下了三个大学生，过五关斩六将之后，终于只剩下最后一关——总经理面试。他们每个人都迫不及待，跃跃欲试。

24

等到最后一关面试的时候，刚和总经理见上面，他就跟大家宣布自己临时有事走不开，请大家再等十分钟，并征求了大家的意见。三个大学生都表示愿意等，没问题。说完，经理就离开了。

经理走了以后，办公室就只剩下这三个学生，他们围坐在大大的办公桌旁，不知道要干些什么。就在他们闲来无事的时候，他们几乎同时发现了办公桌上的一摞信件，还有一些文件和资料。时间一分一秒地过去了，他们心里对办公桌上的这些资料越来越好奇，最终谁也没忍住，一人拿起一份资料看了起来。看完以后，他们对资料上的内容大肆交换意见，并把手头上的文件在三个人之间传阅。一边递给对方，一边还说着："哎哟，这个好看，这个好看。"

十分钟过去了，总经理回来了。大家以为面试就要开始了，没想到总经理对他们三个人说："面试已经结束了，很遗憾，你们一个也没有被录用。"三个大学生面面相觑，不知道发生了什么事情，异口同声地回答道："我们的面试还没有开始呢。"总经理接着说："刚刚我不在的这十分钟就是你们的面试时间，而你们的表现我都看在眼里。很抱歉，公司从来不招那些乱翻别人东西的人。"听了总经理的这番话，大家才彻底明白，一个个变得面红耳赤。

我们能说他们三个乱翻东西的这种行为只是偶然为之吗？他们之所以会忍不住去翻办公桌上的东西，与他们之前形成的这种下意识行为状态是分不开的，所以，以前的种种行为才造就了他们今天的样子。

有一天，青蛙坐在河边晒太阳，一只蝎子跑过来对它说："青蛙大哥，我想到河那边去，可是我自己又不会游泳，你能帮帮我，把我背到河对岸去吗？"

青蛙说："可是你是一只蝎子啊，万一我背着你过河的时候，你蜇了我可怎么办？蝎子最喜欢对青蛙下手了。"

蝎子急忙解释道："我蜇你干什么？我的目的是过河不是你。再说了，我还在你的背上呢，如果我蜇了你，那我还怎么过河呢？"

经不住蝎子的一番解释，青蛙同意了蝎子的请求。它说："好了，你上来吧，既然你不蜇我，那我就背你过河吧。"

但是，青蛙背着蝎子才走到河中间，蝎子就情不自禁地蜇了青蛙，而且使了很大的劲。青蛙在河里痛苦地挣扎，它用最后的力气向蝎子问道："你不是说好了不蜇我的吗？为什么最后还是对我下手了？这样，我们两个都得死。"蝎子很无奈地回答道："我也不知道为什么，自己就是没忍住蜇了你，可能因为我是蝎子，而蝎子就是喜欢蜇青蛙，我控制不住我自己呀。"

说完，青蛙和蝎子都死在了河水之中。

对于我们来说，自己身上那些不好的行为状态就是这只控制不了自己的蝎子，它随时都可能爬出来攻击到自己。你以为只是一个不经意的行为，却会给别人和自己带来不可想象的灾难。不管我们如何向自己保证，但那些不好的行为状态有一天还是会将自己拖下水去。所以想要明天成为一个自律的人，那从今天开始就要有意识地培养自己的生活行为，这不仅是一种作风体现，更是一种态度体现。

【智慧屋】

一次只做一件事

如果你开始有意识地要培养自己的行为状态，那就要记住，不能操之过急，从一件事情着手，不要妄想着一次性地改掉多个不好的行为状态，或者一次性地养成多个良好的行为准则。

集中你的精力去做一件事情，才是一个好的开始。比如，你又想戒烟又想戒酒，如果一下子让你既放下烟，又放下酒，那样做的后果很可能就是既戒不了烟又戒不了酒。所以在培养行为状态的过程中，要接受那个循序渐进的过程。

给自己多一次机会

很多人在习惯行为状态的过程中经受了挫折，因此就会信心大减，觉得自己已经完全没有希望去做这件事情。但我们也应该认识到一点，那就是，在好的行为状态的养成中，很少有一次就成功的。大都要经过一个不断修正的过程，所以，就算第一次没有成功，也要再给自己一次机会，用足够的耐心和时间，相信自己一定可以做好。

建立一套激励机制

如果我们做得足够好，不妨给自己来一些小小的奖励，比如去吃一顿很久没吃的大餐，或者去买一件看上很久的衣服，抑或是去游乐场坐一次摩天轮。这些事情看起来与行为状态的培养可能没有太大的关系，但实际上，这些奖励的出现可以激励我们更好地坚持下去。如果你开始适应这套机制，并且为之感到兴奋的时候，你只会想要做得更好，然后得到更多的奖励，这是一种积极的暗示，能帮助我们走出低落的徘徊区。

PART 2

成为高效能人士
别总是习惯在最后一刻才开始

　　为什么我们很难喜欢自己手头上的工作？为什么我们想要改掉一个坏习惯总是那么难？为什么我们总是学不会去拒绝别人？为什么我们总有很多想完成却没有完成的事情？解决这些困惑的第一步就是看看高效能人士在如何应对这些问题，然后跟着学习吧。

世间工作千万份，为何你独挑这一份？

一般我们去一个新的公司面试的时候，都会被问到这样一个问题：你为什么选择我们公司，或者是你为什么会选择这份工作。而应试者的回答也无非就是，这份工作适合我，或者我比较看重这份工作的发展前景，再或者就是这份工作的工资很诱人。不管你会选择其中哪一个观点，都是为了证明你在选择一份工作的时候不是毫无理由任意为之的。就像你选择自己的人生伴侣一样，你被另一半吸引可能存在很多因素，比如相貌，性格，家庭背景，经济实力等。

等你顺利进入公司工作一段时间以后，随着你对自己工作越来越深入的了解，随之产生的抱怨也越来越多。严重的时候，还会让你产生辞职一走了之的想法。遇到这种情况你会怎么办呢？是不管不顾地跟老板摊牌说自己就是不想干了，还是硬着头皮忍受种种自己不喜欢的东西呢？其实你大可不必这样自暴自弃，换一种方式，就能跟自己的工作和平相处。

每当你对自己的工作有所怀疑的时候，可以尝试问自己一个问题：世间工作千万份，为何你独挑这一份？有句话讲"不忘初心，方得始终"。我们需要时刻提醒自己当初选择这份工作的原因，如果是为了晋升前景，那就反观一下自己的职位是否已经达到预期目的。如果是为了多挣点钱，那就看看自己银行卡的余额是否快速地涨了不少。总之，找到这份工作吸引你的理由是十分有必要的。

小张和小孙是公司同时招进来的两个基层员工，她们平时关系走得比较近，所以经常在一起分享对公司的意见和牢骚。这一天，小张在工作上受了点委屈，心情很低落，她找到小孙说："当初我怎么会选择这样的公司，真是费力不讨好，我要马上辞职，离开这里，我对这里只有满满的恨意。"

小孙听到小张的这番抱怨，只好安慰一番，然后向她给出了自己的建议："你做这个决定我一点儿也不反对，甚至相当支持。像这样的破公司就要给它点厉害瞧瞧，难伺候咱还不伺候了。只不过我觉得你现在离开公司的话，时机还不成熟，这个考虑有欠妥当。"小张满脸疑惑地问道："为什么这么讲？我觉得我在这里多一秒也待不下去了。"

小孙接着说："你想啊，你现在就辞职走人的话，对于公司来说能损失什么呢？你马上走他们就马上招一个人，并且立刻就能取代你。所以你现在应该做的不是赌气走人，而是在公司给你提供的这个平台上努力工作，多给自己拉一点客户，成为销售高手，为公司独当一面。到了那个时候，你再带着自己的客户从公司离开，公司遭受客户流失的巨大损失，肯定会措手不及，变得被动。那时候你报复的目的不就达到了吗？"

想来想去，小张都觉得小孙这番话说得十分在理，自己也冷静下来不再提辞职的事情。而是如小孙所说，工作十分努力，尤其是在维护大客户的关系上十分上心。这样的状态坚持了半年多，她的工作有了很大的起色，自己手上也掌握了很多忠实客户。

有一天，小孙找到小张，和她聊起工作的事情："怎么样，现在客户也多了，工资也涨了，对公司已经形成一定的威胁了，所以是时候跳槽了哦。"

小张听到这里，自己不觉地笑出了声音："客户多了，工资涨了，这不就是我刚进公司的时候自己想要追求的工作成果吗？前几天老总刚找我谈过话，说是让我准备准备，公司的总经理助理空缺了，要我接任呢。现在是客户多了，工资涨了，职位升了，我最初的想法都实现了，所以我也不打算离开了，先好好干着吧。"

可能当初小张执意想要离开公司的时候，就是因为在这份工作中没有得到自己想要的东西。而当她经过一段时间的投入，努力去工作的时候，发现那些自己执意追求的薪水和职位也不知不觉地向自己走过来了。而所有这些，最后都成了让她留下来努力安心工作的原因。

找到自己想要的，并努力得到自己想要的，这就是工作的吸引力。

在一个以旅游为特色的乡村小镇上，有一位老人每天都会在一棵大树下面编织草帽卖给附近的游客。他一边吹着山风，一边做着手上的事情，显得十分悠闲惬意。编织完的草帽被他整整齐齐地摆在自己的面前，以供游客挑选和购买。

这位老人编织出来的草帽样子十分精致，颜色搭配也十分用心，每一个草帽都编得一丝不苟，所以很受大家的欢迎。

有一天，镇上来了一个商人，他做了很多年的海外生意，十分的精明。他来到老人的摊位前，看着那些草帽不禁开始了自己的盘算：这些草帽真的是太美了，如果我能将它们卖到国外，肯定能赚不少的钱。利润不说多的，至少也得有个十来倍吧。想到这里，他已经开始沾沾自喜，抑制不住心里的激动了。

他对老人说："老人家，你这草帽怎么卖的呀？"

"十元钱一顶。"老人微笑着回答道。然后低下头继续编织手里的草帽，脸上一脸闲适和享受，让人觉得这份工作十分的美好，甚至看着不像是在辛苦地工作，而是在快乐地享受这种惬意的时光。

"我的天哪，价格也太便宜了，如果我能销售十万顶草帽到国外的话，我就能大赚一笔了。"商人在心里暗自想道，觉得自己找到了一个发大财的好机会。于是马上对旁边的老人说："如果我找你预订十万顶这样的草帽的话，在价格上能给我多少优惠？"本以为老人家会高兴地接受这笔买卖，并给他压低一点价格。

没想到老人家皱着眉头对他说："如果是这样的话，那我每顶草帽就要多加十元钱了，也就是二十元每顶了。"

"什么？二十元每顶？这是哪里的道理？"商人气急败坏地朝老人叫了起来。

"当然了，我每天在这棵树下编织这些草帽，这对于我来说真的是一种享受，而如果要赶出十万顶帽子的话，我就得没日没夜地加班忙碌，不仅人会累垮，精神压力还大，不知不觉，我原本享受的工作就变成了我的一个负担，这难道不是一种损失吗？难道不该让你多付点钱给我吗？"

商人听完，顿时哑口无言。

如果我们找到自己热爱工作的理由，工作就会变成一种享受，而不是负担。

【智慧屋】

你为什么工作？

这个问题是我们选择一份工作的时候需要认真仔细思考的一个问题，搞清楚这个问题以后，你的工作就有了动力和方向。比如，很多人说自己是为了学习成长，挑战自我而选择的这份工作。所以，平时就要给自己多创造一些与人沟通的机会，比如商业谈判，业务拓展，客户交流等。当你带着自己的初心真正地置身其中的时候，你会发现，这份工作带给你的快乐远比你想象的要多。

工作是最不会欺骗人的

有人说，自己工作了这么久，好像什么也没得到，工资没涨，职位没升，自己都不知道这样坚持下去还有什么意义。但其实，我们的工作是最懂得回报的，可能你薪水没涨，但你的能力一定有所提升，可能你没有升职，但你的客户关系可能维护得很好。所以，在工作中，不要先看回报，而是要先谈付出。当你的能力大于你现在所处的位置的时候，自然会有人看到你的付出，并给你更多的机会来替公司创造更大的价值。

你有没有想过，你已经当了很久的老板

平时我们听到过很多关于工作的抱怨：对工作提不起兴趣，领导不好伺候，想换工作却不知道换到哪里，看别人会拍马屁会巴结得到提拔心里很不平衡，每天加班不给加班费还累人。这些话我们大多数人都有说过，尤其是想到自己现实生活中的种种压力，比如车贷房贷，小孩老人等，似乎总有抱怨不完的话题。

很显然，拥有这种心态的人都是抱着自己给老板打工的一种心态，觉得自己的命运都掌握在别人的手里，而忽略了真正的主人翁其实是我们自己。有一位职场老前辈曾经说过这样一句话："你现在虽然只是拿三千元钱的工资，但是你需要明白一点，你现在所做的工作是为了增长你自己的经验和能力，是为了你将来能拿三万元钱工作积累资本。"

这句话说的是什么呢？其实就是告诉我们，不要总觉得你在为老板工作，而要清楚你是在为你自己工作。或者可以理解为，你的老板不是别人，而正是你自己。

如果你总是抱着为了老板而工作的心态，那很可能你会将自己的工作变成一种应付，最后应付的却只有自己。

某公司在暑假的时候招进来两个实习生，亮仔和阿航，他们来自两所不同的学校，但所学专业，学历等级和公司分配的实习岗位

都是相同的。

最初来公司的那几天，两个人做事情都很积极用心，看不出什么差别。公司每天的上班时间是早上八点半和晚上六点半，在上下班时间上，两个人倒是都做得不错。只是慢慢地，两个人的差距开始显现出来。每天经理都会给他们安排一些事务性工作，亮仔在工作完成以后都会写一个经验总结，并把做得不够好的地方记下来，以便在下一次的工作中加以改善。

而阿航则不同，每次经理安排的事情一做完，他就马上掏出自己的手机，在工位上逛淘宝刷微博，有时候还乐得笑出声音。如果快到下班时间，临时又接到经理的工作安排，他会一脸的不高兴，嘟囔着："这都快下班了，还给安排活，就是存心刁难我们这些实习生。"说完之后，才蛮不情愿地应付手上的事情。

旁边的亮仔呢，则是一副非常认真的模样，似乎也没有意识到马上就该下班了。还是一如既往，按部就班，接到任务后，先把事情做好，然后再拿出自己的笔记本写一个工作总结，对比自己工作中的进步在哪里，还有什么不好的地方需要注意等。闲暇的时候，他会找那些经验丰富的老员工请教自己不懂的地方，如果程序太过复杂，他也会先记下来，然后再抽时间来消化。

就这样过了一个月。

阿航说："你干吗那么努力地为经理去做这些工作，公司给我们的工资就那么一点，你不觉得你做的工作已经远远超出他们给的报酬了吗？反正我是不想加班，经理安排的事情做完就行。就算你拼命地去工作，最后能不能留在这家公司还是个问题呢！"

亮仔却说："我刚毕业，什么工作经验都没有，而公司为我提供了这个实习的机会，其实就相当于给了一个工作平台给我。现阶段，比每天拿到多少工资更重要的是怎么去提升自己。我觉得我不是在为经理工作，而是在为我自己。经理只是给了我工作机会，而我接手那些工作能遇到很多问题，如何把这些问题解决得漂亮，就是我能力的一种提升。所以我的工作是为了我自己，而不是别人。"

确实，这些观点的不同直接导致了他们工作态度的不同，一个消极怠慢，一个积极主动，而最终的结果当然也很不一样。亮仔迅速成长，在处理工作问题方面，与最初来的时候相对比进步很大，加上他对周围的同事比较敬重，有什么问题都会主动请教，所以大家对他也格外照顾，自己能教的都愿意教给他。而阿航呢，业务水平进步不明显，与刚进公司的时候相比没什么大的变化，反而成了一个整天只知道抱怨的办公室毒瘤。身边的同事对他都敬而远之，不愿意和他有过多交流。

有一次，还是阿航和亮仔两个人的对话。

阿航跟亮仔抱怨说："公司的实习实在是没什么意思，我在这家公司好像什么也没有学到，没有人过来教给我们任何东西，每天就是安排工作安排工作，从来没有人教我们如何去做这些工作。我觉得这家公司根本没什么前途可言，如果我再待下去的话一辈子就毁在这里了。周围的同事也不好相处，对我都很冷漠，而且还总是欺负我，让我做这个做那个，唉，他们肯定还会为难我，让我在最终实习考核的时候拿不到高分。真想现在就离开算了。"

对此，亮仔则不以为意，他没有接着阿航的话继续抱怨，而是很诧异地说：

"真的是这样吗？有这么多不好的事情为什么我都不知道啊？可能是我平时太忙了没时间去关注吧。我觉得自己手上的工作怎么做都做不完啊，而且我很享受这种充实的状态，因为每天做完一项工作以后，我都觉得自己成长了不少。我现在遇到的最大的问题就是自己的工作方法太老旧，以至于工作效率不太高，所以我正在向旁边的同事请教如何改进自己的工作方法呢，他们对我的请求也很热心啊，给我支了不少招儿，我尝试了都很受用呢。有时候我还会跑去找经理问问题，他给我解答的时候也很耐心，我真希望到最后的实习考核的时候，自己能拿个好成绩，这样就可以留在公司了。我觉得这是一家很不错的公司，自己在这里可以得到很好的发展。"

亮仔说完，顺便安慰了阿航几句，劝他好好工作，不要想太多。如果真的想要离开公司的话，那就等到实习期满以后再说。但阿航似乎并不买单，反而对工作越来越不上心了。直到有一次，因为他的马虎失误给公司带来了损失，在实习期还没满的时候就被提前开除掉了。而亮仔呢，工作干得出色，业务成绩也很优秀，所以公司决定对他提前转正。

同样的公司环境，同样的业务岗位，却有如此不一样的结局。有人说阿航输就输在心态上，他没有摆正自己和工作的关系，总觉得自己就是为了拿到一点工资，而为此付出的代价就是完成手上的工作，至于其他学习提高什么的，与自己是没有任何关系的。而亮仔，永远都抱着为自己工作的心态，反正工资是自己拿，工作中学到的技能是自己拿，通过学习总结出来的经验也是自己拿，你说工作是为了谁？你说你的老板又是谁？

【智慧屋】

心态摆正，工作才顺心

在工作中，一旦自己开始产生消极的情绪，就会有接二连三，没完没了的抱怨产生。这样你就会发现，自己身边都是问题，这是一个无止境的恶性循环。所以，从一开始，我们就要摆正自己在工作中的心态，为了自己而工作，这样能让你带着愉悦的心情投入工作当中去。

需要培养的，除了感情还有好习惯

培根有一句名言："习惯是一种顽强而巨大的力量，它可以主宰人的一生，因此，人从幼年起就应该通过教育培养一种良好的习惯。"这句话将习惯的重要性强调得很清楚，我们说好习惯能让人受益终身，而坏习惯则会让人深陷泥潭。一个好的习惯就像我们存在银行里的存款一样，你存上一辈子，它就会给你带来一辈子的利息。而坏习惯则是我们欠下的债务，你欠一辈子，就会让你偿还一辈子，而且偿还的额度要远远超过最初欠下的额度。

世界上的人可以分为两种，一种是强者，一种是弱者。如果我们想要变成强者，就要学会他们身上的生存技能和生活习惯。优秀的人之所以优秀，就是因为他们身上存在着一种让人变得优秀的习惯。当你找到这个突破口以后，可以结合自身需求，有意识地去改变自己身上存在的一些不好的习惯，培养一些新的优秀的习惯。

这一行动将会为你带来意想不到的改变。

有一个农夫辛苦了一辈子，最后却查出来一种怪病，医生告诉他，留给他的时间已经不多了。躺在病床上的农夫很焦急，因为他还有三个孩子，自己走了以后，却没有钱财留下给他们，不知道以后他们要如何生存。想到这里，农夫越发觉得担忧，因为在他看来，自己的这三个孩子还不够勤劳到可以养活自己。于是，他苦思冥想了一夜，终于想到了一个好办法。

第二天，他将孩子们都召集到自己的床边，语重心长地对他们说："我剩下的日子不多了，以后不能像现在这样照顾你们了。但我给你们留了一大笔钱在家里的葡萄园里，它就被我埋在园子里的某一个地方。"说完这些话，农夫变得更加衰弱了，不久就去世了。

孩子们料理完后事，想起父亲临终前说的话，于是他们扛上家里的农用工具就往葡萄园出发。第一天的时候，他们几乎把整个葡萄园翻了个遍，但是没有找到父亲所说的钱财。

他们并不死心，接下来的好几天，都在葡萄园翻来翻去地找，把葡萄园的地挖得很深以后，还是没有找到。就这样，因为他们的翻耕，葡萄园里的葡萄长得特别好，那一年他们迎来了大丰收，葡萄卖了不少钱，每个人都分到了一大笔。当他们将钱拿到手的时候，突然明白了父亲临终前的话，也理解了父亲话里的意思：钱确实藏在了葡萄园，只不过需要我们勤劳一点去维护啊。

这位农夫在生命的最后时光，虽然没有过多的钱财留给后人，却留给他们一个比钱财更加宝贵的东西，那就是习惯。当他告诉自己的儿子，葡萄园里藏着钱财的时候，儿子们立刻将地翻了个遍，而一次又一次地寻找，让他们养成了勤劳翻地的好习惯，也正是因为这个好习惯，才让葡萄长势喜人，卖了个好的价钱。儿子们拿到卖葡萄的钱以后，立刻就明白了父亲的良苦用心。可见，对于每个人来说，好的习惯就是一笔巨大的财富。

我们已经形成的习惯会在不经意间冒出来影响我们的行为。不管是好习惯还是坏习惯，都在一定程度上决定了你是谁。我们总是认为，很多人的成功看上去就是一次很偶然的机会或行为，但其实不然，人有一种受潜意识支配的心理习惯，总是会重复自己的行为。所以，成功并不是一种偶然，更确切地讲，成功就是一种习惯。

曾经有一个动物学家做过一个实验：他在一个大量杯里放上了几只跳蚤，然后用一块透明的玻璃盖在量杯上面。由于跳蚤天性就是一种很爱跳跃的动物，所以量杯里的跳蚤不断地往上跳，却不断地撞上头顶那块玻璃。等它们跳了一阵以后，动物学家将量杯上盖着的玻璃拿掉了，杯子里的跳蚤依然跳得很活跃。只是动物学家发现了一个很奇怪的现象：这些跳蚤跳跃的高度还是保持在接近先前玻璃放置的高度，以免跳得高了再撞上自己的头。而最后的结果就是，这些跳蚤没有一只能从量杯里跳出来。

原本跳得很高的跳蚤，只是受到了周围环境的制约就不再往上跳，这也是它们的一种习惯思维在作祟。如果把"跳得高"比作一种好习惯，那很明显，它们在一次又一次的"撞头"之后，做出了丢弃这个"跳得高"的好习惯的选择。转而给自己培养了一种适应环境的习惯，那就是"跳得低"。我们也可以把"跳得低"看作一种坏习惯，而这个坏习惯一旦养成，那么束缚我们成长的就不再是外界的环境，而是我们自身的局限。

想要赢得更高的发展，就要不断地突破已有的环境，找到一种新的习惯方式，来让自己适应更新的环境。

【智慧屋】

积极的思维习惯

我们要相信，习惯方式不仅仅存在于我们的行为里面，也存在我们的思维当中。积极和乐观其实也是一种人的思维习惯，所以我们是可以通过刻意的训练来让自己向这种思维方式靠近的。比如，心理暗示就是一种很有效的方法。当你面对某个困难的时候，如果你在心理觉得没什么大不了，自己一定可以战胜它，那你在实际的处理过程中也会信心倍增，带来一个良好的结果。而如果你给自己的心理暗示是消极的，觉得这个困难太过吓人，自己根本没有办法战胜它，那你在实际的处理过程中，就会懈怠，不敢拿出自己真实的水平，结果也是可想而知，不尽如人意。这些思维都会在你脑海中形成一种习惯，当你下次再遇到类似事情的时候，第一个跳出来的想法就是你长久以来习惯的那个想法。所以，在平时的生活和工作中，我们应该多给自己一点积极的心理暗示。

多留意自己的行为细节

在平时的生活当中，我们总是会选择性地忽略掉自己认为不重要的东西。但有时候就是因为这些我们认为不重要的东西，往往会给我们带来预料不到的后果。所以，我们不要忽视自己一些细小的毛病，等这些细小的毛病积攒大了以后，那带来的后果可是一点儿也不细小了。正所谓："千里之堤，毁于蚁穴。"

人生何其短，不必和谁都交往

　　不论是在古代还是在现代，人们都把交朋友看作是一件极为重要的事情。"多一个朋友多一条路""在家靠父母，出门靠朋友"等，这些流传下来的话都在提示广交朋友给自己带来的好处。所以很多人在生活和工作中总是不忘向别人要个电话号码或者微信名片等联系方式。甚至有的人还会把成功要到电话和微信当作一种骄傲，觉得自己从此以后又多了个朋友，所以十分有必要炫耀一下。

　　有人在某次聚会上认识了一位传说中的大人物，与其交流甚欢，十分投缘，最后分开的时候还相互留了个电话。这个人十分高兴，以为这位大神级的人物就可以被自己收入人脉的资源之中。后来自己生活中遇到了一些难题，想起了这位那位大神，于是小心翼翼发了一条长长的短信过去，可是等了很久都没有回音。忍不住再打个电话过去，却只等到"没时间"几个字。这种情况在我们身边很常见，或许也有人亲身经历过。很显然，这就是一种无用社交，看似有了彼此的联系方式，但实际对自己一点帮助也没有，还会让自己感觉到挫败。

　　我们之所以会陷入这种社交的泥潭，就是因为我们忽略了一个很重要的事情：人与人之间的交往都是建立在关系平等的基础之上的，你朋友圈的质量如何，最后还是得取决于你自身实际能力的高

45

低。在我们的成长过程中，总有些人会慢慢淡出我们的社交圈子，这似乎成了一种生活的必然。有人说，聪明的人都不会把时间浪费在那些无效的社交之上，而是把时间花在提高自己的能力之上。

小雅平时特别迷恋微信，非常热衷于刷朋友圈，只要有人发了新状态，她都会第一时间送上自己的点赞和留言。有时候和她一起出去吃饭，在饭桌上她仍然会勤勤恳恳地点赞，留言，一个都不落下。

我很不理解，为什么她就是不肯错过朋友圈任何一个人的自拍和动态呢？她振振有词地跟我解释，说那是现代科技社会的一种社交手段，大家的友情都从线下转移到了线上。交朋友的过程比以前容易多了，一下子就可以交到好多朋友。

我又向她提出了自己的疑问：你的朋友圈大概有好几百人，难道你和每一个人都熟悉吗？她依然很坚定地跟我说："朋友多了，下雨不愁。我现在花点时间去点赞，去评论，那是在维护我的人际关系网络。人啊，不怕一万，就怕万一，等我哪天需要帮助了，平时维护的效力就显现出来了。"

看着她得意洋洋的样子，我不好再说什么。

有一天，她突然给我打电话说自己家里出了点事，急需用钱。听她说明情况以后，我马上给她转了一点过去，她在电话那头连声说着谢谢，声音哽咽，都快哭出来了。

后来她跟我提起自己那天的经历，说老家的舅舅生病了，需要一大笔钱做手术。所以他们在网上发起了一个筹款，希望身边的人可以多多帮忙转发。小雅第一时间发出了这个朋友圈，并附上了一条言辞恳切的情况说明和紧急无奈的请求。她在等着朋友圈那好几百个人帮她转发，但最终却只有寥寥数人回应了她的请求。这几个人也是平时生活中关系比较近的朋友，这让她感到十分失落和伤心。

这件事情以后，她开始重新审视自己以前的那套理论。对朋友圈的热衷也消减了不少。那些第一时间点下的赞，那些费尽心思想出来的评论对她的社交圈而言似乎没有多大的意义。后来的日子里，她再刷朋友圈的时候，都是对那些值得点赞的信息才会点上一个赞，想要留言的信息才会说上几句话。这样保持了一段时间以后，她发现自己比以前过得轻松了许多，不用再费多的心思去苦思冥想一条完美的留言只为博得一顿好感。现在的时间也突然变得多了起来，可以做很多以前想做而没有时间做的事情。

以前公司有位同事，他每天大部分的时间和精力都花在了朋友身上。他和他们一起吃饭，娱乐过周末。为了维持自己的朋友圈，他只能牺牲陪家人的时间。因为和孩子在一起的互动时间比较少，所以很多问题孩子都不愿意和他沟通。

刚开始的时候，这位同事的身边确实有很多所谓的朋友围在身边。这也让他很有成就感，觉得有了这帮朋友，以后无论遇到多大的难题都不会怕了。后来他的事业越来越顺利，在公司发展得很好，但身边有很多关系还可以的人却渐渐离他而去。他知道，现在工作越来越忙了，和朋友出去消遣娱乐的时间也就越来越少了。但其实，我们都知道，真正的原因是他自己觉得再去维系这些关系对他来说没有必要了。现在所有的成绩都是自己一点一点积累出来的，当初只顾着把时间花在维护朋友关系上，自己却没有什么突出的优势，所以在工作过程中走了不少弯路。而那些自己精心呵护的朋友并没有能在工作中帮自己一把，这些事情是他想了很久才想通的。

但就在他决定放弃这些没有用的社交的时候，却在医院诊断出了癌症。一直没听他说生过什么病，不舒服的时候去医院一检查却是这么大的问题。医生告诉他，这与他平时的生活习惯有很大的关系。过去如果大量喝酒熬夜，生活没有规律，饮食没有节制等都会将身体拖垮。

在他住院期间，昔日那些关系要好的朋友也都不见了踪影，陪在他身边的只有他曾经忽略的家人。

当我们弄清楚什么是一种无用社交以后，就很容易对自己的朋友圈做一个净化处理。每个人的时间和精力都是有限且宝贵的。与其把它们花在无用之事上，不如自己去做点有意义的事情。比如花时间去提高自己的业务能力，花时间去学习一项新的技能，花时间去培养一下自己的兴趣爱好，花时间去陪陪家人和孩子。只有让自己变得优秀起来，才会换来同等优秀的朋友圈。

实际上，通过观察或总结，我们不难得出这样一个结论：想要在一次社交活动中获得自己的利益，这种机会实现的可能性简直微乎其微。社交有一个核心价值观就是：对我有帮助。基于这个逻辑，大家才会想要去认识更多新的人，去将自己的朋友圈扩展得更大。但这样做往往都是徒劳无功的，只是将我们自己的大好时光白白浪费掉罢了。所以聪明的人往往没有太广泛的社交，他们只是将有限的精力集中在维护好有限的朋友身上，这样才会有更加精简和高质量的朋友圈。

【智慧屋】

不必委屈自己去强行融进别人的圈子

当我们强行去融入一个不适合我们的圈子的时候，其实是对自己的一种委屈。我们不得不去迎合别人，奉承别人，丢失自己的喜好而研究别人的喜好。在自己看来这是进入上层圈子的机会，可是在别人看来，这只是一次毫无新意的表演，别人并不会多加青睐，所以，我们实在也没有必要去强行融进别人的圈子。

有时候，你需要与自己和解

前段时间，在微博上有一句话非常流行，之所以说它流行，是因为很多人看见以后都觉得写出了自己的心声，所以纷纷转发点赞。这句话是这样说的："现代人的崩溃是一种默不作声的崩溃。看起来很正常，会说笑、会打闹、会社交，表面平静，实际上心里的糟心事已经积累到一定程度了。不会摔门砸东西，不会流眼泪或歇斯底里，但可能某一秒突然就积累到极致了，也不说话，也不真的崩溃，也不太想活，也不敢去死。"

关于这句话，可能每个人看到以后都会有自己的感受。因为现代社会给人的压力太大了，很多人不知道如何处理生活和工作上的压力的时候，情绪就是一种崩溃的状态：对未来怀揣着一种恐慌，不知道该如何生活下去，只觉得自己承受的东西太沉重了，而想要放下却怎么也放不下。这个时候，其实我们很需要学习一种技能，就是与压力化敌为友的技能，与自己和解的技能。

如果我们承受的生活和工作压力已经影响到我们的情绪，那就说明此刻的你急需调整了。不管是释放压力，还是让压力变成一种动力，其实说的就是要适当地放下压力。轻装上阵，才能走得更远。

有一位大学教授想给同学们讲一堂关于压力管理的课程，他决定用一个实验来让同学们亲身体验一下自己将要展示的内容。走到讲台上，教授倒了一杯水，然后将这杯水举起来问在座的同学们："同学们，你们认为这杯水有多少克？"

台下发出了各种不同的答案，有说三百的，有说四百的，有说五百的。教授接着说："其实，我今天要讲的重点并不是这杯水的重量，而是想让大家弄清楚，就这样一杯水，让你们一直这样举着，你们觉得自己能够举多久呢？"

台下的学生瞬间对这个问题议论纷纷。

有的说："这么小的一杯水，如果让我一直举着都不是问题。"

有的说："对呀，不就是小小的一杯水吗？还能把人累坏啦。"

还有的说："不对，可别小看这样一杯水，举得时间长了，照样会让你受不了。"

就在大家争执不休的时候，教授在讲台上示意，有没有人愿意上来试试。很多同学纷纷跑到讲台，表示自己愿意尝试。教授挑选了三个人，并分给他们每人一杯一样的水。三个同学在讲台一侧静静地举着那杯水，教授则继续讲着自己的课。

结果才不到二十分钟，就已经有人喊着胳膊太酸了，说自己实在是举不动了，并放下水杯跑下了讲台。另外两个同学，一个坚持了三十分钟，一个坚持了三十五分钟，放下水杯，便落荒而逃。

教授又回到刚才这个小实验，重新拿起那杯水对同学们说："其实我们都知道，这杯水的重量并没有那么重，连一个小孩子都能轻易地将它举起来。但我说过，这并不是今天的重点，重点就在于这样一杯水给到我们，我们能把它举多久？刚才我们也看到了，可能举一分钟两分钟，大家都没有问题，可是如果时间再长一点，比如三十分钟，四十分钟呢？大家可能就会觉得手已经酸到没有知觉了。

"那如果时间再长一点，几小时，甚至几天呢？最后的结果可能需要叫救护车了。其实，这杯水的重量并没有随着时间的增长而增加，但问题就在于你要是举得越久，就会觉得水的重量越重，到最后它甚至可以重到你根本举不动。其实，这杯水就好比是我们身上承担的压力，如果我们一直把各种压力积攒在自己心里，或者存放在自己身上，我们只会觉得越来越无法承受。所以我们需要做的就是，先放下手里的水杯，让自己休息一会儿，然后再拿起水杯。只有这样，我们才能将这杯水举得更久一点。所以，同学们，我们应该适时地放下自己承担的压力，歇一歇，然后再重新挑起来，只有这样，我们才能承受得更久一点。"

教授的这个实验让同学们感触颇深，他用小小的一杯水就让我们明白，正确对待压力的方式不是默默承受，也不是不放手，而是适时休整，放下歇一会儿再拿起来。其实这个过程就是一个与自己和解的过程，我们要不断地说服自己去接受这种选择，然后再告诉自己歇好了还得往前赶路。

一边是学着放下，一边还要学着转化。所谓转化，就是将自己承受的压力变成一种动力，让这股原本压得你喘不过气的力变成一种推着你前进的力。

以前在书上看到过一个小故事，讲的是一户农人家里的驴子不小心掉进了一口废弃的枯井。它在井里哀号求救，希望有人能快点将它从这个糟糕的井里弄出去。

面对这种情况，主人一时也想不到什么好的办法，只好喊来邻居和朋友过来帮他一起想办法。大家在一起商量了很久，还是想不到一个合适的办法能把这头驴从井底救出来。最后，主人决定放弃搭救这头驴子，心想，反正它也已经老得走不动了，干活也不利索了，既然没办法救上来那就算了。而那口废弃的枯井总有一天也是要被填上的，所以干脆现在就直接填了算了。

于是，驴主人带着这帮邻居和朋友，一人拿着一个铲子就朝那口枯井出发。他们开始铲土了，当第一铲土掉下去的时候，井底的驴子叫得十分凄惨，它知道了主人的意图，也明白了自己的下场，所以不住地哀号。但是，当第二铲土掉落枯井的时候，驴子突然安静了，人们觉得很意外，所以想看看发生了什么。

令他们感到更加惊奇的是，井底的驴子停止了哀叫和求助，而是将落在自己身上的土抖落在地上，然后将这些掉落的土踩在自己的脚下。原来它想用这些土来将自己垫高一点，明白了驴子的这个想法以后，人们开始不断地将土铲进这口枯井里。而井底的驴子，也在不断地将泥土抖落，然后踩在脚底。就这样，经过他们的不停努力，驴子慢慢地从井底升到了井口。众人用一种很惊奇的目光看着这头驴子，而它，则大摇大摆地走了出来。

原本是要被主人用泥土活埋的，但这头驴子却将这些活埋它的泥土踩在了脚下，垫高了自己，从而获得了逃生的机会。我们又何尝不是背负着这些泥土在负重前行呢？如果是这样的话，那不妨学一学这头驴子，将背上的负担甩落在地，让它变成我们前进的一种动力吧。

【智慧屋】

情绪转移

当我们觉得自己心里的压力已经大到没法承受的时候就是应该学会放下的时候。情绪转移就是其中一种放下的方法。比如，当我们在工作中遇到瓶颈，长时间无法突破的时候，我们就可以试着先转移一下注意力。离开一下长时间待的工作环境，去外面走一走，找朋友谈一谈心里的疑惑。很多时候，就是这样的契机，我们又会找到工作的灵感。

面对压力不要忧心忡忡

与自己和解就是要让自己的情绪保持宁静，内心保持坦然，心态保持淡然，而怎么样去释放自己的压力就是如何去找到一个与自己和解的方式，如果我们对压力只剩下担忧，成天都是一副忧心忡忡的模样，那我们就只能永远沉浸在那种情绪里走不出来。放轻松一点，才是面对压力的正确态度。也只有这样，我们才能将压力转换成动力，才能与压力化敌为友，才能完成与自己真正的和解。

人生的清单，总是越画越少

对于我们来说，人生通常有几件大事：考一个理想的大学，找一份满意的工作，和一个最爱的人结婚，培养出自己优秀的孩子。这几件事情总是完成一件少一件，而这也是我们的人生大清单。除了这份大清单，我们的人生还有很多小清单。比如工作计划，学习计划，旅游计划等。而这些清单也如我们的大清单一样，是越画越少的。这里所说的越画越少，说的就是一种规划手段，是教我们把工作或者生活变得有条理有秩序的一种方法。

你有给事情列清单的习惯吗？有的人去超市购物也会将自己需要买的东西提前列一个清单，买到之后再一个一个画掉。这样做一方面可以防止自己漏买一些物品，同时也可以规范自己的购物行为，避免看到什么买什么，买到什么是什么的混乱出现。连购物也需要一个明确的目标来指引我们，更何况是生活或者工作呢。

有两位病人同时走进了一家医院的五官科，他们两个都是因为鼻子不舒服所以前来检查。在化验结果出来之前，他们坐在一起聊起了天。A 说，如果这次的检查结果不太理想，查出来是很严重的病或者是癌什么的，自己就要立即去旅行，第一个要去的地方就是自己日思夜想的拉萨。B 在旁边也发出了同样的意见，自己还有好多心愿没有完成。

最终，化验结果出来了，A 得的是鼻癌，B 得的只是鼻息肉。

所以，A 践行了自己的诺言，他给自己列了一张告别人生的清单之后，就从医院离开了。在他的计划表里写着这样的话：先去我最想要去的拉萨和敦煌，回来以后，再从攀枝花乘坐轮船到长江渡口。然后我还要去海南，在三亚拍很多有椰子树为背景的照片。我要去寒冷的哈尔滨过一个寒冷的冬天，要去美丽的大连坐一次船，一直坐到广西的北海。我要登上天安门城楼，看一下夜晚的长安街。我还要读完莎士比亚的作品集，听一次正宗原版的二泉映月。再写一本书，记录自己生活的种种。在他的计划清单里，像这样的愿望总共有二十七条。

在清单的结尾处，他还留下了这样一段话：一辈子的时间，我曾有过很多梦想，有的梦想变成了现实，而还有很大一部分因为各种原因没能被完成。现在，我生命剩下的日子已经不多了，我不想带着遗憾离开这个世界，所以，我要用自己最后的日子去完成这份清单上的二十七个梦想。

下定决心以后，A 就去公司办了离职手续，辞职后的第一件事情就是去了拉萨和敦煌。一年以后，他又用自己惊人的耐力和毅力通过了一项成人考试。而在这期间，他也完成了自己很多的梦想：登上天安门城楼，看一看晚上的长安街。他还去了梦想中的内蒙古大草原，在当地一家牧民的蒙古包里住了一个星期。而现在，他又忙着张罗自己出书的愿望。

有一天，当年和他一起去医院看病的 B 在报纸上看到一篇 A 写的散文，于是打电话去询问他的病情。他说，自己也没想到，如果不是因为这场病的话，自己的生命还得多糟糕。正是这场病提醒了他，让他想要立刻抓紧时间去做自己想要做的事情，去实现自己没有实现的梦想。现在的日子才让他体会到了一种生命的真谛，这种人生才是他真正想要的人生。

说完之后，他反问 B 道："你现在生活得也挺好的吧?"可是，B 对这个问题并没有给出自己的回答。当初，因为自己只是得了鼻息肉，所以在医院做完手术以后就回家了。而日子还是以前的日子，至于梦想，还有想要去的地方，也早已经抛到九霄云外去了。

我们总觉得自己时间还有很多，所以，就算有想法也可以再等一等。但真的等到最后一刻来临的时候，才会突然明白过来，自己想要做的事情还有很多，没有完成的梦想也有很多，而剩下的时间似乎一点也不够用。为什么我们总是要等到最后一刻才肯开始列出我们的人生清单呢?

如果你有想法，如果你有梦想，就应该趁现在给自己列出来，然后一个一个地去实现。

有一个电影叫《待办清单》，主人公的名字叫麦克盖尔。那一天正好是他三十六岁的生日，他有一个三岁的女儿，而第二个孩子马上也要出生。正是在这个时候，麦克盖尔回望了一下自己的生活，发现长久以来，自己都是生活在一片混乱之中，没有一点自己梦想中生活的样子。而关于自己以前，现在和将来想要做的事情却还有很多很多。这些事情让他不禁想到一个问题："我现在还是一个成年人吗? 我有这个能力承担这些问题吗?"

想到这里，他立即跑到了书桌前，找到笔和纸，写下了"待办清单"几个字，而正是这几个字，也彻底改变了他的生活。他花了好几小时，将自己还想要做的事情列在这份清单上。其实，在写到第 455 项的时候，时间已经是深夜了，麦克盖尔身心疲惫，但又十分兴奋。他觉得自己重新回到了那个充满活力的时候，感觉自己的人生又重新有了方向，也重新有了计划。

这种状态一直持续了一个多星期，在这一个多星期里，麦克盖尔不停地补充自己的这份待办清单。最终，他写下了 1389 个项目。而最后一个项目就是：坐一次世界上最快的过山车。

为了让自己的计划有条不紊地进行，也为了让自己看上去更像一个成年人，他给自己的待办清单列出了更为详细周密的计划表。他把自己清单上想要做的那些事情分好门类，然后又进行了综合和精简，最终形成了一份有着 1277 个项目的待办清单。

他给自己的时间期限就是，在自己下个生日到来之前，一定要完成这些项目。

他给自己的每一个朋友写了一封邮件，告诉他们自己的待办清单，并强调自己要在下个生日到来之前全部完成。后来，在麦克盖尔完成这些清单的过程中，虽然遇到了很多生活中的问题和阻力，曾经也一度停滞，甚至想过要放弃，可是，在最后他总能重新燃起热情，接着去做这些清单里的任务。最后的结果是，在麦克盖尔列出的 1277 个项目里，他总共完成了 1269 个项目，完成率是百分之九十九点多，可以说，麦克盖尔做到了，他是成功的。

【智慧屋】

把目标写下来，会更容易实现

以前在公司的一次培训会上，经理跟我讲过这样的话：把你的目标写下来，每天拿出来看一看，这样你实现的概率就会大很多。他说，也许你的目标用一个数字或者一句话就能概括，但当你把它写下来以后，每天去看它的时候，就是一个视觉冲击，它会时刻提醒你，去做有助于实现这个目标的事情。所以，这能让你的精力更加集中在这件事情之上，最终能实现的概率自然就变大了。

实现的梦想就从清单上画掉

当你列好自己的梦想清单，等到一个一个实现起来的时候肯定会遇到诸多困难。而你也必须明白一个道理，正是因为这些困难，才让你的梦想看起来有价值。所以，等你实现其中一个梦想，再从清单上画去的时候，就会感受到一股从未有过的成就感。你完成的梦想越多，这种成就感就越大。你画掉得越快，证明你的能力也越来越强，这就是一种积极的自我激励。不要等到最后一刻才开始，现在就是你最好的时机。

PART 3

自觉力
为什么你永远追不上别人

　　人的一生从未停止过追逐，我们在追求更高的梦想，我们在追求更美好的生活，我们希望自己比别人做得更好。但是我们在看向远方的时候，也应该多注意自己的脚下。脚踏实地，享受当下，才能站得更稳，走得更远。

想要诗和远方，必须面对眼前的看似"苟且"

前不久，一大批网友在网上吵着：生活不止眼前的苟且，还有诗和远方。喊过一段时间以后，又觉得诗和远方对于我们来说似乎太难，而生活也好像只剩下眼前的苟且。现在我们要换个角度想一想，如果你连眼前的看似苟且都忍受不了，那你怎么能得到你想要的诗和远方？

看到别人风光无限，过着自己追求了很久的诗和远方的生活的时候，我们只会嫉妒到面目全非。可是你有没有想过：为什么总是别人在过着你想要的生活，而你却永远也追不上别人呢？

朴树，在很多人眼里都是一个才华横溢的音乐人。他写下了很多流传甚广的经典曲目，比如《生如夏花》《平凡之路》等。他曾经沉寂一时，没有任何作品问世，就连个人的消息也突然销声匿迹。很多人说，朴树是一个十分有个性的人，个性到有点儿不食人间烟火。

有一次，央视春晚在选取节目，导演找到了朴树，并要求他对着摄像机来一段才艺表演，朴树却当场拒绝。他觉得对着摄像头进行表演的自己像一个哗众取宠的小丑，所以他扭头就走掉了。那时候的他说："这种生活根本不是自己喜欢的生活，钱挣得再多又有什么意义呢？还是不能给我带来快乐。"或许，那个时候的朴树，眼里只有诗和远方，所以，他除了自己的演唱会，几乎没有参加过任何节目，甚至连最基本的采访都没有参加过。他曾经也表示，自己是不会参加综艺节目的。

但时隔几年以后，他最终还是来到了《跨界歌王》的现场，做了王子文的助阵嘉宾。站在镜头前的朴树，其实依然有几分别扭，他适应不了现在这种综艺节目的形式。唱完一首《那些花儿》以后，主持人采访了一下朴树，他呈献给观众的状态就是格格不入。当被问到为何想通了回来参加这个节目的时候，他很直白地说：这段时间，自己真的很需要钱。

很多人看到这里都在替朴树感到惋惜，觉得他曾经是一个只追求诗和远方的高傲男子，如今却也不得不向现实低头。如果说诗和远方需要金钱来支撑，那节目形式和各种通告就是他需要忍受的苟且，然而他觉得自己没办法去忍受，所以直接选择逃避。

有很多人是不是也陷入了这种状态呢？既想要衣食无忧的生活，又不愿意付出得到这种生活的代价，所以也就只能看着别人，发出自己遥远的喟叹。

如果朴树在被现实逼迫无奈的情况下，依然坚持自己曾经的想法，恐怕只能是活得更加艰难。

不知道有多少人还记得《当幸福来敲门》这部电影。克里斯是电影的男主人公，他的职业是一个推销员。每天都会带着几台医疗器械去医院进行推销。他勤奋努力，踏实肯干，但就算他再勤奋，再努力，也总是没有办法让自己的妻子和孩子过上幸福一点的生活。每天都有各种生活费用等着支出：水电费，房租费，儿子的生活费，信用卡账单等。

忍受不了贫穷折磨的妻子最终选择离开克里斯，和妻子离婚后的他，带着儿子继续生活。但就在这个时候，自己的工作也陷入了低谷。不多的医疗器械还被人偷了几台，加上还有坏掉的，让他们的生活变得更加艰难。最后还因为交不起房租被房东扫地出门，让他们无家可归。走投无路之下，他们只好找到收容所，可是，令他们感到绝望的是，收容所门前也排了很长的队。如果不早一点去排队的话，连收容所也进不了。

就在这种生活状态里，克里斯偶然得到了一次实习的机会，是在一家很有名的股票投资公司。由于这家公司实力强大，所以实习竞争对手也非常多，而最后能留下来的寥寥无几。跟那些竞争对手比起来，他没有任何的优势。虽然实习期间没有任何薪水，但一想到这是他难得的、也是最后的一次翻盘机会，他就咬紧牙关决心背水一战。

晚上结束一天的工作以后，他就带着儿子去收容所排队抢床铺。有一次，他们在路上耽误了一点时间，所以去晚了，收容所的床铺都占满了。他们无处可去，最后在一个公共厕所里度过了一晚。应该说，生活过成这个样子，已经是相当苟且了。

我们大多数人的情况比起这个还是要好很多倍的，至少会有一份养活自己的工作，有一个随时可以栖身的房间还有随时可以填饱肚子的食物。每个人"苟且"的内容都不一样，但也不是每个人都能忍过眼前的苟且。

我们想要一口流利的英语口语，却不愿意为此留出时间去练习，即使练习了，也不过是三天打鱼两天晒网，觉得这种坚持太乏味。我们想要写出一手漂亮的书法，等买好笔墨纸砚写了两天以后，觉得那种反反复复的点横竖太累人了，所以干脆丢到一边，而书法这件事情也不再提起。我们想要拥有熟练的修图技术，等买好书选好课程报了名，学了两天又觉得太难了，自己根本不可能做到，所以这个学习计划也只能搁浅，半途而废。

诗和远方看起来很美，可是谁都不愿意忍受它们到来前的漫长苟且。如果是这样，那你也就只配苟且地过一辈子。

电影里的克里斯在生活几乎走到绝境的时候，心中还是秉持着一种信念：只要自己今天足够努力，忍受过这些糟糕的日子，总有一天，幸福就会真的降临。

他在实习的过程中，也总是受到上司的刁难，上司时不时地会让克里斯给他办一些私人的事情。而时间对于克里斯来说又是相当重要的，所以克里斯每次都是跑得满头大汗，只为了能给自己争取多一点时间。他要学习股票知识，也要打够每天的电话，还要为最后的考试做准备。每天应付这些事情都让他焦头烂额，但最终他还是挺过来了。得知自己被公司录用以后，他喜极而泣，自己所有的辛苦都没有白费，终于还是等来了这一天，如何不叫人激动。

记得蔡康永有一句名言：十五岁的时候觉得游泳难，所以放弃游泳，到十八岁的时候，遇到一个你很喜欢的人约你去游泳，你只好说："我不会。"十八岁的时候觉得英文难学，所以放弃英文，等到二十八岁的时候，来了一个很棒的工作机会，但是需要用到英语，你只能说："我不会。"

人生就是这样，越是嫌麻烦而不愿意去解决的事情，到后来就会变得越来越麻烦。越是不愿意忍受的苟且到后来都会变得越来越苟且。所以，不要为自己找那么多借口了，从现在开始就行动吧。

【智慧屋】

越懒只会更懒

有时候毁掉一个人意志的不是重大打击，而是拖延和懒惰。

如果我们想到一件事情，不立刻去计划投入其中，而是懒得行动，一拖再拖的话，当初的想法就会被拖得消失不见，你也就不会再有激情去将这个想法变成现实了。人，越懒的时候总会变得更懒。相反，人越勤快的时候，总会变得更勤快。

心中有信念，脚下有力量

当我们遇到一些不好的事情以后，心里的支撑就会很容易动摇。所以我们遇到一些很难解决的问题的时候，首先要摆正的就是我们的心态。一旦心态崩掉了，努力也就没有意义了。比如，你在工作中因为一个小错误被上司误解，导致他怀疑你工作能力的时候，你不能自己先乱了阵脚。而是应该坚信，只要自己踏实工作，得到更好的成绩，上司一定会看到你真实的能力。

每个人都应该有一条"心灵分割线"

一些人下班回到家以后，因为工作上的一些事情而心情烦闷。所以一不小心就对家人发了脾气，这样做最直接的后果就是家庭氛围马上变得凝重，然后每个人都变成了一个一点就着的炮仗，原本烦闷的心情就变得更加烦闷了。当初那种烦闷的心情完全就是因为工作，现在却实实在在地影响了我们的生活。

为什么我们的工作和生活常常容易被混在一起？为什么我们容易将工作上的一些不好情绪带回家里严重影响自己的生活？我们需要怎么做才能将自己的工作和生活分隔开呢？

在人心浮躁的娱乐圈，韩雪给人的感觉就是一股清流，一直展现给人的都是一种优雅，干净的气质。很多网友在评价她演技的时候，更是用"炸裂"等词来形容。当大家都在微博抢热搜的时候，她却一向低调，不炒绯闻，不博眼球。很多娱乐记者都吐槽，在韩雪工作的时候，想拍点她的照片都很难。她把自己完全沉浸在工作里，凭借自己的勤奋和努力，将自己的演技淬炼得专业、高超。

对于生活，韩雪其实也是一个很投入的人。她经常与自己的粉丝分享一些好玩的东西，比如自己的科技收藏。她曾经还做过一场直播，用瑞士军刀给自己的手机换了一个屏幕。如果自己的生活遭遇了一些不公平待遇，比如一些消费陷阱，韩雪都会站出来作为消费者说话。她说，这是她的社会责任。

虽然她大部分精力都倾注在了演艺事业上，但她也靠自己的能力把工作和生活平衡得非常好。一边享受工作给自己带来的成就和满足，一边也在努力提升自己生活的品位和质量。她会将自己平常的书单晒出来跟大家分享，带动大家跟自己一起读书。她的书单范围很广，有时候是一些历史评论类的，有时候是一些文学传记类的。除此以外，她还会拿起毛笔练习书法。

前不久，她在 TED 的讲坛上做了一次演讲，她用英文给观众带来了一篇名为《积极的悲观主义者》演讲，讲完之后，台下掌声雷动。她说，自己工作之外的时间很多都用来学习英语。这是自己的兴趣所在，也正是因为这种兴趣才让自己的生活有了养分。

韩雪不仅把自己的工作做得相当出色，还把自己的生活经营得有滋有味。很多人在追究其中的原因，其实，其中很重要的一点就是她在自己的工作和生活之间竖了一条很明显的分界线。既没有让工作中的绯闻影响到生活，也没有让自己因为花费更多的精力在生活上而影响到工作。在自己学习英语，学习书法，认真读书之外，也把自己的演技提升到足够专业的水平。

想要自己的生活和工作的界限变得清晰起来，就需要一个很强的自我管理能力。

当大家发现现在看到的韩雪，和以前印象里的韩雪很不一样的时候，刷起了一个"原来你是这样的韩雪"的热门话题。而韩雪自己却坦言说："这些你们看到的不同侧面，都是来自真实生活里的我。既不是一种现在流行的人设，也不希望被看作是一种标签。当你拥有了一种对自我价值的认识以后，就不会受到外界的太多影响。当别人说你不好的时候，你自己千万不要产生和别人同样的想法。如果是我，我就更愿意去做一些自己喜欢的事情。"

在湖南卫视热播的一档综艺节目《声临其境》中，韩雪的一次配音表演惊艳全场。在接受记者的采访过程中，她被记者问到这样一个问题："你是如何接触到配音这件事情的？"

韩雪说，自己这几年为了练习英语口语，接触到很多学习软件。而自己在这些英语学习软件上留下了一些配音的片段，来自一些动画片和电影。不久以后，自己留下的这些配音也被网友发现，然后自己又断断续续地录了一些。就算是在自己平时的演戏过程中，也会坚持要求上同期声，如果同期声实在不能用，自己也会在后期亲自配音。所以，在平时，自己就很注重声音和表演之间的一些关系。

反观我们自己，我们可能会因为工作上的压力而完全忽略掉自己的生活，把许多工作中不好的情绪带进自己的生活，而将自己的生活变得一塌糊涂。如果我们需要提高自己的英语能力，却可能会为自己找到很多借口，比如说工作太忙了，没有时间，每天下班回来都已经很累了，哪有多余的精力去做这些事情。所以，回到家以后，带回去的都是工作上的疲惫感和无力感。

如果韩雪为了增加自己的曝光率而炒作绯闻，这样不仅会让自己的生活变得一团糟，可能网络上还会发起很多恶毒的语言，攻击自己和家人，将平静的生活全部搅乱。所以，韩雪选择将自己的工作和生活分开，工作的时候就是工作时候的样子，专注，认真，敬业，负责。而一旦投入生活，她也有自己生活的样子，有自己的兴趣爱好，懂得培养自己的生活情趣，保持自己对生活的热情，丰富自己的技能。这种生活和工作的平衡，堪称我们每一个人的榜样。

当我们真的在自己的工作和生活之间画上一条线的时候，左边是自己赖以生存的工作，右边是自己培养情趣的生活，我们要把握好两边各自的分量，这样才不会让自己失衡。不把工作中的坏情绪带到家里，也不把生活中的坏情绪带到工作中去。能做到这样互不影响，就是一种最高级的生活与工作的平衡。

【智慧屋】

培养一个自己的兴趣爱好

爱因斯坦说过："最好把一个人的爱好和职业尽可能远地分开。把一个人的生计所在和上帝所赐的禀赋硬凑在一起，那是不明智的。"如果我们在工作之外能培养一个自己的兴趣爱好，我们的意识里就会形成工作和生活的两种空间，让我们自己明白，我们每天所做的事情里，哪些是属于工作部分，而哪些又是属于生活部分。所以，当自己的兴趣爱好建立起来以后，工作与生活的界限就会明晰起来。

工作时间和地点要明确

有的人进入工作状态以后，就不分时间和地点，脑子里面都会装着工作，哪怕是已经回到了家，心里也只装着工作。这就是因为自己没有把工作时间和工作地点明确清楚，把自己一天的二十四小时都定义为了工作时间。所以，自己的工作压力和情绪也会被带到家里。而工作效率也会变得低下。所以，我们应该尽量把自己的工作留在办公室里来完成。走进办公室的时候，就要进入工作状态，而走出办公室以后，就要让自己放松下来，从工作中解脱出来。

拒绝工作狂，你需要劳逸结合

有的人把工作狂当成一种荣耀，恨不得自己随时随地都处在工作的状态。所以，工作几乎就成了他的全部，更别提什么生活不生活的了。工作上所有的体验就成了我们生活里的所有体验，而时间久了以后，工作上的挫败感就会变成我们生活上的挫败感。我们需要劳逸结合，给自己创造一点休息的时间，而不能把那根弦永远崩得太紧了，否则，我们以前喜欢的东西就会慢慢被我们丢弃掉。工作和生活都不能步入正常轨道，所以自己的生活才会变得一塌糊涂。只有劳逸结合，让自己在工作之外有所放松，才能让自己在工作和生活中找到一种平衡。

闭嘴！好好享受当下

不知道哪位先知曾经说过一句这样的话："表面上我们被生活中某种东西给困住了，比如很多人抱怨婚姻有问题、老板有问题、公司有问题，他们常常归罪于外在，实际上他们是被内在的心智模式所牵制。某种东西像瘾头一样牵制住了他，时刻在操纵他，他自己却浑然不知。"的确，我们对于自己的生活总是有太多的抱怨，工资发放得太慢，老板的要求太苛刻，公交车太挤，外卖味道不行，加班时间太长，同事性格太奇怪等。

一些琐碎的小事都会被我们唠叨半天，见到别人就想倾诉一番，似乎自己心里有着没完没了的苦头。可是，抱怨完以后，我们的生活有没有变得好一点呢？自己想要改善的东西有没有真的得到改善呢？结果可想而知，抱怨改变不了我们的生活，相反，我们一不小心就把自己活成了祥林嫂，然后将自己的生活毁在喋喋不休的抱怨声中。所以，我们何不闭上自己的嘴巴，好好享受当下呢？

有这样一对师徒，他们每天都生活在一起。徒弟的办事能力还可以，但就有一点，师傅不是很喜欢，甚至常常感到厌烦，那就是徒弟总是在不停地抱怨生活中出现的一些事情，不管事情大小，徒弟总要有一番抱怨。所以，师傅决定帮他改一改这个毛病。

有一次，师傅吩咐自己的徒弟去集市上买一些盐回来。徒弟很不情愿地出了门,按照师傅的要求将盐买了回来。拿到盐以后,师傅又让徒弟取一杯水来。然后,师傅把徒弟买回来的盐倒在了那杯水里,让徒弟将带盐的水喝下去。徒弟刚喝进嘴里,师傅就问这水的味道如何。徒弟连忙将自己嘴里的水吐了出来说:"这个水太苦了,根本就咽不下去。"

听到这个答案,师傅却微微一笑,他没有再说其他的话,只是命令徒弟带上盐跟着自己出门。他们一前一后地走着,谁也没跟谁说一句话。不多大一会儿,师傅在一个湖边停了下来。他转过头对徒弟说:"现在,你将你手里拿着的盐撒一些在这个湖里面。"徒弟照做后,师傅又说:"和刚才一样,你再尝一尝这个湖水,看看味道如何。"徒弟捧起一把水,才尝了一口,竟然忍不住地说:"这个水太清凉了。"师傅问道:"现在还能尝出来咸味吗?"徒弟摇摇头,表示没有尝到任何咸味。

师傅和徒弟坐在了这个小湖边,他语重心长地对徒弟说:"我们每个人都会遭遇这样或者那样的痛苦,这些痛苦的数量却不会因为我们的抱怨变得少一点。但我们痛苦的程度却是由我们自己来决定的,如果你自己承受痛苦的容积大,那感受到的苦自然会浅一些,如果自己承受痛苦的容积小,那感受到的痛苦肯定就深一些。

"所以,当你感觉生活不顺利,自己很痛苦的时候,首先要做的事情不是去抱怨,而是将自己从一杯水变成一片湖,这样才能学会用一个正确的心态去面对生活。"

徒弟看着师傅点点头,明白了师傅的良苦用心。在以后的生活中,他慢慢学会克制自己的行为,渐渐地闭上了自己爱抱怨的嘴巴。

其实,当我们停止抱怨,好好感受当下的时候,会发现自己的生活其实也没有那么糟糕。比如,有时下班以后公司都会要求加班,我们与其每天都去抱怨公司的糟糕制度，不如趁着加班的时间去拓展一下自己的业务，就当这些加班的时间是多给了你一次联系客户的机会，这样不仅能增加自己的业务量，还能多拿点收入，想想也是不亏的。

而如果我们习惯性地一开始就采用抱怨的方式去解决这些问题，我们会发现，虽然你有一千个不愿意，但最终还是不得不坐在那里加班。而在整个加班过程中，你都是心不在焉，不能将自己的注意力投入工作中去。一直都在不停地看着时间，盼着这几小时快点结束。所以最后的结果就是，人坐在办公室，工作却一点都没有干，心情还很糟糕。而再看看别人呢？同样的几小时，对方投入工作，却比你多收获了两个客户。这就是差距，这就是我们追不上别人的原因。

有一个人，他的生活相当贫困，已经到了没饭吃也没衣服穿的地步。于是，他找到佛祖，跪在佛祖面前一把鼻涕一把泪地控诉半天，说自己的生活太苦了，每天拼死拼活地工作却换不来一个温饱钱。这样的话说了半天以后，转念又开始向佛祖抱怨说："这个世界简直太不公平了，凭什么那些有钱人每天都可以吃饱穿暖还开心自在，而我们这些没钱的人就要天天受苦受累？"

佛祖问他："那在你的眼里，要怎样才是公平呢？"

穷人赶紧回答说："如果要谈公平的话，首先就得让那些富人变成和我们一样的穷人，每天都做一样的事情，吃一样的东西。要是能做到这样，富人还是变成了富人，而我还是沦落成穷人的话，那我就不再有任何的抱怨，也不会再来投诉了。"

佛祖想了想，答应了他的请求。他选择了一个非常富有的人，并把他变成了和这个穷人一样一贫如洗的人。继而，他又分配给这两个人一人一座煤山，这样，他们每天可以在自己的煤山挖煤，然后用自己挖出来的煤换钱，买一些生活必需品和食物。但是，佛祖也给了他们一个期限，那就是要在一个月之内将自己煤山的煤挖干净。于是，穷人和富人开始了自己的挖煤行动，因为穷人早已习惯了那些苦力活，所以挖煤对于他来说一点问题都没有。很快，他就挖了满满一车煤。他马上就将这车煤拉到集市上去卖了，他用卖掉的钱买了很多好吃的带回家，给自己的老婆孩子尝尝鲜。

富人呢，平时没怎么干过这些粗活，所以只能挖一挖，再歇一歇，就这样还是累得气喘吁吁。所以，一天快要结束的时候，他才勉强挖了一车煤拉到集市上卖掉了。而他用卖掉的钱买了两个馒头，将剩下的钱装进了自己的口袋。

第二天，穷人起了个大早就去煤山挖煤，富人却在集市上转悠，不多大一会儿，他从集市雇来两个穷人，这两个穷人人高马大，非常有力气。他们来到煤山，二话没说就开始给富人挖煤，而富人只需要站在旁边监督他们。就这样，只用了一个上午，富人就挖出了好几车的煤。接下来富人用卖煤的钱又雇来几个人，一天下来，富人用卖煤的钱开了工资，一算下来，剩余的钱比穷人挖了一天挣的还要多几倍。

一个月的期限马上就到了，穷人的煤山只挖了小小的一角，每天赚来的钱都用来买好吃的了。而富人的煤山早早地就已经挖光，他用这些钱又投资了一些小买卖，不久以后，自己又变成了富人。

看到这样的结果，穷人也不再抱怨。

【智慧屋】

将你想要抱怨的事情写下来

如果你想要改掉自己喜欢抱怨的毛病，可以从这个方法开始尝试。写下自己想要抱怨的事情，然后一件一件地问自己：我除了这样想，还可不可以有点别的想法？比如，当你想要抱怨工作太累的时候，不妨想一想自己为何需要工作，如果将这份工作做得够好，自己将会得到哪些新的回报。而眼下自己离做得够好这个目标还有多少差距，需要做哪些事情来弥补。这样，你就转变了自己想要抱怨的思路，步入到一种好好工作的轨道。

自律的人更懂得自爱

纵观我们身边那些活得让人羡慕的人,他们总是一边生活得有滋有味,一边工作得有声有色。我们羡慕他们,是因为他们的生活看上去总是有条不紊,而自己的则是一团糟。有时候,我们很想知道自己与他们的差距到底在哪里,为什么在同一家公司,做同样的工作,拿着同样的薪水,别人的生活就是一团和气,蒸蒸日上呢?

谈到这个问题,我们并不能忽略其中一个很重要的问题,那就是自律。自律是什么呢?往大了说,它就是一种自我要求,特别是在一种只有自己的场合之下,主动地用一些社会行为规范来约束自己的一言一行。而往小了说,自律又是什么呢?比如,一直想要减肥的你,晚上闻见路边摊的烧烤香味,忍不住想要放开自己吃一顿。这个时候,如果你能忍住那种欲望,记住自己的减肥大计,那你就是自律的人。

自律的人往往考虑得长远,所以他们会更加懂得如何去塑造一个更加好的自己,从而也懂得如何更好地去爱自己。

我们在每个新年到来的时候,都会给自己做一大堆的新年计划,比如要减肥,要坚持跑步,要坚持去健身房,要学会一门乐器等。但是每到一年快要结束的时候,却发现自己列出的这些计划只不过才坚持了短短的几天便放置在那儿了。所以,身材依然胖到走形，跑步鞋在柜子里再也没拿出来过，健身房的卡最多也就用来洗个澡，而当初不会的乐器还是照样不会。

自律的人在将自己变得越来越美好，而美好之后也让自己越来越自律。不自律的人在将自己变得越来越懒散，而懒散之后也让自己越来越不自律。这样，原本小小的差距之间就出现了一条你跨越不了的鸿沟，所以，你只能羡慕别人的生活，而嫌弃自己的生活。爱自己最好的方式，就是从自律开始。

媛媛今年已经三十二岁了，没买房子，也没结婚，整天的生活状态都是萎靡颓败。她不爱出门，所以工作也是干两天丢三天，每天大部分时间都在家里吃一些垃圾食品，看一些没有营养的电视剧。除了追剧，她还有很多要玩的游戏，总是一个没有玩清楚，又被另一个新出来的游戏吸引。这样的生活，可以说是很没有目标感，很没有自律感了。

我们中也有很多人和她一样，不仅不愿意将自己收拾得利索一点，嘴上还挂着一些颓丧到极点的话："努力不一定成功，但不努力会很轻松。"

有一次，在朋友的强拉硬拽下，她陪着朋友去了一趟健身房。这一去让她的生活出现了转机，她无可救药地爱上了一位健身教练。但看看自己臃肿的身材，浮胖的脸庞，她一下子没了自信。为了拉近自己和健身教练的关系，她竟然下定决心要改变自己。从来都不肯出门的她，破天荒地拉着朋友进行晨跑，还给自己办了一张健身卡，平时往健身房去的频率比朋友还要勤。

她的改变渗入了生活的很多小细节，比如为了健康着想，她放弃了那些垃圾食品，开始学着自己做饭。而那些无聊得怎么也追不完的电视剧，她也不再关注。喜欢喝饮料的她，也改成了喝白开水。

自此以后，她的生活状态似乎有了一百八十度的转变。

可是后来，她并没能成功地和那位健身教练走在一起。朋友戏谑地调侃她：

"要不我们以后不要去健身房啦，免得看见那个男人每天和别人在一起，而你又得不到心里岂不是更加难受。"

媛媛却并不生气，她说："以前，我是为了追到他而改变了自己的生活习惯。当我花了这么长的时间塑造了一个完全不一样的我以后，我才知道现在这种生活状态对于我来说简直不要太棒。我觉得我还可以变得更好，我现在也能配得上一个更好的人。以前做这些事情是为了爱他，而现在做这些事情，是为了爱我自己。"

自律的人总是不会输掉自己的生活，当你开始爱自己，生活就会给你更多的回报。当你开始变得自律，生活就会把你变得更好。

【智慧屋】

明确一个生活主题

当你有意识地去培养自己的自律行为的时候，首先就要给自己一个明确的生活主题。比如，在接下来的一个月里，你希望自己在哪方面得到提高，如果你给自己定下的是一个看书的目标，那接下来的一个月，你的生活主题就是与阅读相关的事情。有了这个主题以后，你的行动才有目标。

对于诱惑，惹不起但躲得起

在我们身边，总是潜藏着各种各样的诱惑，它们会在我们通向成功之路的时候狠狠地绊我们一下。如果你是一个游戏的重度迷恋者，你可以尝试先从线上游戏转移到线下游戏，或者从多人游戏转移到单机游戏。并且在玩游戏之前，给自己一定的任务要求，比如先看完这本书的多少页，我才能在这里玩多久的游戏。尽量不要去网吧这种地方，躲着那些诱惑你的东西，你才能慢慢培养出自己自律的习惯。当习惯成为一种自然的时候，那些诱惑对你而言，就是一些没有意义的存在了。所以，与其被动地让那些诱惑因子来影响你，不如自己主动出击，先远离那些诱惑因子，继而让自己对它们充满抗体。

抽个时间，度个假吧

　　最近，孙俪的一条微博火了，她说："刚才经纪人要和我说我的工作安排，然后我先把我今年的旅游计划告诉了她，她啥也没说，合上本子，就走了。感觉快要辞职了。"这则微博出来以后，大家纷纷在下面留言支持孙俪。在 2017 年工作总结的时候，孙俪就在微博写下过这样的话：演了一个电视剧，学会了做咖啡，并且学会了品尝，开始对做饭感兴趣，学了几道西餐，找到了自己喜欢喝的茶，看了几本健康书，团队里又多了一位小天使。2018 年我要发现生活中更多的美好，然后认真工作，拍一两个戏，有时间就多写字，多画画，多点时间运动，旅行，再出一本关于小动物的书。

　　我相信，像她微博里描述的这种生活大概是我们每一个人都向往的那种生活。

　　有一份自己喜欢的工作，有一些可以自由安排的时间。很多人可能又会想，自己的经济水平怎么能和她的经济水平比呢？但我们对比的并不是一种经济能力，而是一种生活方式，一种生活理念。在如此繁忙的工作之外，她还能抽出一点时间来做一些自己喜欢的事情，或者用旅行的方式来慰劳自己，我们为什么又不可以呢？

　　有一个小寓言故事是这样讲的：有一头辛苦为人类付出了大半辈子心血的牛，每年大部分时间都在田间地头进行耕种工作。

有一次，主人又带着这头牛在地里干活，老牛辛辛苦苦干了一上午。等到中午的时候，太阳照在地上非常热，老牛有点吃不消了。于是它转身向主人请求道："尊敬的主人，我能否请求您一件事情。"主人点点头，忙问它是什么事情。

老牛顿了顿说道："现在的天气太热了，我需要休息一下，请问我这样做您能允许吗?"主人听完以后，答应了老牛的这个请求。

一晃眼秋天就到了，主人今年的庄稼得了大丰收。邻居都很好奇他家的粮食怎么能收这么多，所以都跑到农夫家里，来向他讨教经验。农夫跟大家坦诚地交待说："其实我也没有什么很特别的方法，我知道，当我的牛耕地太累了的时候，我会让它先休息一下，当它渴了的时候就让它河水，而饿的时候，就把平常那些最好的草料都拿出来给它吃。这样的劳逸结合，才能让我在秋天获得大丰收。"

我们知道这个故事教给我们的是劳逸结合的道理，而我们今天要说的度假就是"逸"的一种。如果我们只是一味地耕地，劳动，那大概最后的结局就是累死在地里，至于丰收不丰收，也变得没有任何意义了。列宁有一句名言说："不会休息的人就不会工作。"所以，在你长时间的辛苦工作之后，你需要抽点时间，让自己度个假。

度假的方式有很多，并非躺在海边晒着太阳就是唯一的选择。我们每个人生活在这个世界之上都像是在爬山，如果说我们工作是为了挣钱，那我们就会为了挣到更多的钱而一路上都低头爬山。在这个过程中，其实你早已经忘记了生活的目的。所以，我们在一边爬山的时候，一边学会欣赏沿路的风景。这才是生活中最宝贵的东西，会让你受益匪浅。

如果我们不懂得给自己适当地休息，那其实就是一种浪费生命的表现。抽个时间，度个假，就是让自己在紧张的工作之余能得到一定的放松，这样在接下来的工作中才会更有力气和精力，也才会将自己的工作做得更好。

【智慧屋】

保证一个规律的作息时间

我们每天都有自己睡觉的时间，为了让自己得到充分的休息，那就要有一个相对规律的作息时间，而不是每天混乱地工作和休息，更不能透支自己的体力，通宵熬夜然后接着工作。给自己制定一个作息时间表，每天留出自己休息的时间，这样才能保证一个充沛的精力去应对白天的工作。而工作效率也会随着自己的专注程度得到提升，所以，良好的工作状态需要一个良好的作息时间来做支撑。

吃的学问也很重要

除了睡觉，吃也是我们的一件大事，所以我们不能忽视吃的重要性。一个科学合理的饮食习惯，是保证自己身体健康的一大前提，所以我们不能今天暴饮暴食，明天颗粒不进，这样做都是一种饮食习惯上的极端，容易给自己带来一些身体的负面影响。尤其是现在外卖流行的时代，很多人的一日三餐都在靠外卖来解决，而新闻上也曝光出不少因为吃太多外卖而导致身体出现毛病的案例。如果有条件的话，我们要尽量保证自己的饮食健康。

坚持一项体育锻炼

由于现代社会本身就给人很大的压力，所以平时很少有机会来放松自己的心情。如果你有一项长期坚持做的体育运动，比如跑步，瑜伽，或者舞蹈等，你会从自己的坚持中收获很多别人得不到的东西。而且，你坚持的时间越长，得到的收获就越多。不仅缓解了我们的工作压力，让自己的精神状态得到放松，也让我们拥有了一个健康的身体，这才是最重要的收获。

当你闲得发慌的时候，别人在做什么？

鲁迅先生曾经说过："哪里有什么天才，我只不过是把别人喝咖啡的时间用在了学习上。"看到别人升职加薪的时候，我们会投过去一个羡慕的眼神说真好。当看到别人到处跑着旅游的时候，我们也会看着别人的朋友圈照片满脸陶醉地说真好。当我们看到别人又学了一门新的手艺，我们也会惊叹地拍手叫好。但其实，我们心里也会有一个疑问："为什么别人就有那么多时间呢？"

为什么别人有那么多时间而你自己没有，这个问题还不如说成是为什么你总是闲得发慌而别人总是过得相当充实。我们在对比别人这些成绩的时候，可以先看看自己闲得发慌的时候，别人在做些什么，我们每个人得到的时间都是相等的，一天二十四小时，谁也不比谁多，谁也不会比谁少。如果看起来有差距的话，只不过是每个人度过的方式不一样而已。

有一个叫荣恩的男人，他开了一家自己的书店，身边和他熟悉的人都知道，荣恩这个家伙是出了名的一个非常珍惜时间的男人。

有一次，书店里来了一个顾客，他站在书架前挑选了好久，最终才挑到一本自己喜欢的书。他拿着那本书向店员问道："请问一下这本书多少钱？"店员接过那本书看了看标签说："总共是一美元先生。"

"什么，你是不是搞错了，你确定这么一本薄薄的书真的需要一美元吗?"那位顾客不敢相信地问道，"可不可以再优惠一点，打个折呢?"

"不好意思先生，我们一直都是卖的这个价，我没有权限给你打折。"店员望着那位顾客回答道。

顾客十分喜欢手上的这本书，但是又觉得一美元这个价格实在是有点太贵了。

所以他继续向店员问道："请问你们老板荣恩先生在吗?"

"在呢，老板现在正在自己的办公室里忙呢，您找他有什么事吗?"店员充满好奇地看着顾客。

"我想我有必要见一下荣恩先生，我也非常想和他见上一面。"顾客回答道。

顾客一再要求见一下荣恩先生，店员只好答应他的这个请求，去荣恩先生的办公室将他叫了出来。

"荣恩先生您好，请问这本书最低能卖多少钱?"顾客再次向荣恩先生问起了这个问题。

荣恩先生看了看书，毫不犹豫地回答道："一点五美元先生。"

"什么，这更加荒谬了吧? 刚才这个店员还说只需要一美元呢。"客人有点大惊失色。

"对，您说得没错，刚才店员给你的价格确实只需要一美元，但是现在我收的是一点五美元，因为您耽误了我的时间，而这给我带来的损失却远远不止这一点五美元。"荣恩先生回答道。

听完这个回答，顾客满脸尴尬的表情，看得出来，他很想要快点结束这场对话。所以他再次问道："既然如此，我也感到很抱歉，那我再最后问您一次，您可不可以告诉我一个最优惠的数字?"

"两美元。"荣恩斩钉截铁地说道。

"这可就是太奇怪了，您刚刚还说是一点五美元，怎么还越说越高了呢？这是在做生意吗？这就是在抢钱呀。"顾客怀疑地问道。

"是的，刚才我说一点五美元是因为你耽误了我的时间，而现在我又说两美元，是因为你还在耽误我的时间。这些被耽误的时间让我损失的工作价值也在增加，您知道，这些损失可远远不止两美元这么简单。"荣恩先生依然面不改色地回答道。

顾客此时已经说不出一句话，他只好默默地从口袋里掏出两美元放在柜台上，然后拿着书转身离开。

这个故事里的顾客和荣恩就像我们平时生活中的两类人，一类人闲得发慌，一类人却十分惜时。当闲得发慌的那个人用大把大把的时间去做一些没有意义的事情的时候，非常惜时的那个人却在抓紧时间创造价值。一个丝毫没有时间观念，另一个却赋予每分每秒以价值。

有些人之所以能成功，并不是因为他们每天都在做一些轰轰烈烈的大事，而是因为他们抓住了那些很小的分分秒秒。一天两天，一月两月，一年两年，差距就慢慢拉开了，所以才会有人成功了，有人还在原地徘徊。

巴西利亚的一个大型商场里，曾经出现过一种好玩的售货机。在这台售货机上闪着一些香烟形状的标志灯，上面还写着这样一句话：你想不想用你手上的香烟来购买一些金钱也买不到的时间？那就赶紧抓住这个机会吧，在这里，一根香烟就是十一分钟的时间。

商场里有很多人都围着这台售货机看个不停，其中有一个男子忍不住想要试一试。于是他拿出自己的一根香烟投进了这台售货机里面，接着，售货机上的一个香烟标志灯就自动熄灭了。然后，这个男子又继续往里面投了第二根第三根，一直投了五根以后，机器上的香烟标志灯也跟着熄灭了五根。最后，售货机的屏幕上出现了一句话："恭喜您，您现在获得了您人生中额外的五十五分钟，尽情地去享受吧，这些时间正好可以看看书。"这句话显示完了以后，一本书就从售货机的出货口掉了出来。

很多围观的人群看到这么神奇的一幕，也都纷纷参与了进来。有一位阿姨用自己的十根香烟从售货机处买到了一百一十分钟，售货机给她兑换的是一张电影票。而另外一个小伙子，则用自己手头的香烟买到了二百二十分钟，得到的是一件白色短袖。就这样，大家发现了一个好玩的规律，那就是自己投进去的香烟越多，得到的奖品就越丰厚。

那一天下来，往这台售货机里投香烟的人不计其数，他们买走了很多时间，兑换成了各种各样的礼品。所以，这台售货机很快受到更多人的关注和喜欢，从而其他很多地方也引进了这个售货机，让更多的人买到更多的时间。

虽然这只是一则巴西的禁烟广告，但很多人从中获益匪浅。在他们看来，那些投进售货机里的香烟就是一些无聊荒废的时间，当我们把那些时间仅仅是花在抽烟这件事情上时，我们不会得到任何我们想要的东西。而当我们将那些烟攒起来，一根一根地投进售货机的时候，我们得到的东西又会超乎我们的想象。这就是一种利用，一种对时间一点一滴的利用。当别人在一点一滴地积累自己空闲时间的时候，有人却在一点一滴地将自己大把大把的时间白白浪费掉。

【智慧屋】

珍惜时间，什么时候开始都不算晚

有人担心自己以前浪费了太多时间，现在再去谈珍惜时间那会不会太晚了？其实，当我们醒悟过来想要去做一件事情的时候，就是开始做这件事情最早的时候。

比如，在工作上想要提高自己的办公能力，以前只是上班下班，别人做什么自己也做什么，并没有意识到还有一些时间可以供自己去学习。但当你反应过来以后，你不妨在自己的空余时间学习一下如何制作表格，怎样提高幻灯片的质量，文档的格式排布等。进步并不是一蹴而就的，而是一点一滴堆上来的。

如果不知道干什么，那就去看书

有时候我们会有这样的疑问：平时的时间多是多，但是自己根本找不到事情来做。其实，当我们不知道要干什么的时候，最好的打发时间的方式就是看书。

这是一件怎么做也做不完的事情，而且做得越多，得到的就越多。相对于其他事情，这件事情的公平性可以说是无法超越的了。

PART 4

注意力的焦点
那些让你喊累的到底是什么事?

生活中有太多让我们感到累的事情,对此,我们需要分散太多的时间和精力来解决这些问题。但很多时候,让我们感到累的并不是外界的压力,而是我们自己的内心。好好跟自己相处,才能赢得轻松自在的人生。

人生总有意外，所以要好好吃，好好睡

我们常常说，明天和意外不知道谁会先来。不管是我们自己经历过的，还是看到别人发生过的，有些事情让我们感到意外之余，总会带着丝丝遗憾。当一些意外来临的时候，我们总是毫无准备，所以才会觉得这一切发生得过于突然。而也总是在这个时候，我们才会想要回过头来看看自己的人生。

如果我们被某件事情触动，反观自己的生活就会知道自己需要珍惜需要改正的东西有很多。我们看到飞机失事以后，会觉得身边的人都需要我们去好好对待，认真说再见。我们看到沉船事件以后，会感受到生命的短暂，抓紧时间做点自己喜欢的事情才是重要的。人生总有意外，我们何不将自己的生活好好规划，尽量多去完成自己的心愿，好好吃饭，好好睡觉呢？

每个人的生命都是自己的，如果我们不学会善待自己，改掉一些坏的习惯，坏的生活方式，那生命就成了一个无法把握的东西。所以好好吃饭，好好睡觉，就是对生命的一种尊重。

我们不得不反思一下自己的生活行为和习惯，是不是在该吃饭的时候不吃饭，在该休息的时候不休息？我们总是用"忙"来做借口，认为目前手上所做的事情就是最重要的事情。

也许因为这样，我们得到了很多东西，但是我们也不能忽略，我们

现在得到的这些东西就是我们拿自己的健康换取的。到最后一刻，你才会明白，这是一件多么不划算的事情。所以，还不如就趁现在，好好吃饭，好好睡觉，给自己的革命事业奠定一个健康的身体基础。

【智慧屋】

健康是本钱，千万不要透支

我们看到太多在病床上的悔恨，他们后悔自己一手将自己送到了病床上。只有生病的时候，我们才会知道健康的重要性。所谓身体是革命的本钱，我们总是在计划自己的宏图大业，却总是忽略完成这些宏图大业所需要的身体状况。正如史铁生说的："发烧了才知道不发烧的日子多么清爽，咳嗽了才知道不咳嗽的日子多么安详。每时每刻我们都是幸运的，因为任何灾难前面都可能再加一个'更'字。"

有规律才是自律

我们在安排自己的饮食和作息时间的时候，大多数都很随性。比如，今天看到新开张的一家馆子，决定去尝一尝，饱餐一顿以后，觉得还没有吃过瘾，所以又去路边摊吃几个烧烤，再喝一点小酒。每天的饮食都由别人在随机安排。而我们说健康的饮食是讲究时间选取和营养搭配的，我们要管好自己的嘴巴，觉得什么东西好吃就每天吃，而自己讨厌的食物就从来不碰，这都是一些饮食误区，也是一些健康隐患。

养好精神，才能走得更远

会休息的人才会工作，当我们将身体透支到极点的时候，即便是你还不想休息，身体也会用生病的方式来强迫你休息。而等到那一刻的时候，就已经是最后悔的时候了。

特别的爱给特别的你

以前上学的时候，爸爸妈妈会跟我们说："如果这次考试能拿第一名，我就带你去吃大餐。"这种话贯穿了我们成长的每一个过程，所以当我们长大成人，结婚生子以后，我们也习惯用这种方式来和自己的孩子进行沟通。因为当时从自己爸爸妈妈得到这种鼓励以后，自己对待学习真的认真了很多，有时候这种鼓励的效果还是十分明显的。所以我们不知不觉就会将这种习惯延续下来。

只是，我们仅限于将这种方法用在别人身上，从来都没有想过要在自己身上运用这种方法。有一首歌叫《特别的爱给特别的你》，我们除了鼓励别人，有时候也要学会鼓励自己，将这份特别的爱留给特别的自己。当你完成了一个自己规划的小目标以后，不妨给自己一个小小的奖励，以鼓励自己继续为了心中长远的大目标而努力。

刘云出生在一个很普通的工人家庭，大学的时候交往了一个男朋友。大学毕业后，她就迫不及待地和男朋友结了婚，结婚以后，她们就一起去深圳打工。结婚第二年，刘云怀孕了。为了给孩子一个舒适的生活环境，老公每天加班工作，回家以后，还要装修房子，筹备搬家事宜等。所以，生活里的琐事慢慢地就变成了刘云一个人的任务。

时间一长，刘云和老公的生活也出现了很多矛盾。两个人经常为了一些小事而吵得不可开交。每次吵完架心情不好的时候，刘云都要吃很多甜食来缓解自己心中的压力。这种暴饮暴食的结果，就是让自己的体重一下子飙升到了七十千克。为了方便照顾孩子，她把自己的头发剪成了小短发。为了耐脏，她经常就是穿一身工作服，以前那些漂亮的衣服都被她关进了衣橱。在公司的时候，甚至还有领导暗示过她，多注意一下自己的形象，这样有利于自己开展工作，但是刘云完全听不进去。

有一次，朋友阿美和刘云一起去香港旅游。她们逛到一个商场的奢侈品柜台，阿美看到这些奢侈品以后兴奋得不得了，她开始不停地挑选和试戴。而刘云则默默地站在一旁，帮阿美拎包看东西。

当她们又来到一个柜台的时候，阿美看中一个包，让刘云试试看效果如何。没想到专柜服务员马上抢过包说："我来帮您试吧。"这一个举动让刘云立刻就明白了，因为自己穿的是一身便宜的外贸衣服，然后又在旁边提鞋拎包的，所以柜台服务员以为她是阿美的保姆，根本就没有资格来试戴这些奢侈品。

阿美见此，只是冷冷地对店员说道："你不要看不起人，每一位顾客都应该是上帝，不应该分等级。"专柜服务员连声道歉，而刘云至此也明白了，好好对自己，才是女人最重要的自信。

那天在商场，刘云破天荒地给自己买了一个奢侈品牌的手提包，然后又去理发店做了一个潮流发型。回到家以后，她从衣柜里将自己以前那些靓丽的衣服都翻了出来，精心挑选了一套穿在身上。那天晚上老公下班回家，看到眼前的刘云，整个人都惊呆了。他对着刘云感叹道："你真美。"

老公的这句夸奖让刘云很受用，她的这个小小改变却给她的生活带来了巨大的改变。以前冷落她的客户现在都变得异常热情，业绩连连上涨，在一些高端场合，她也不再受到冷落。而年底，她更是凭借自己出色的业务水平被任命为了部门总监。

我们总是在喊着对自己好一点，却总是不知道该如何下手对自己好。刘云的一个小小的包包就给自己的生活带来了如此重大的改变，她给自己的奖励方式就是收拾好自己，给自己一个精致的外表。而这样做的结果就是自己在工作中的状态完全改变。当你尝试去改变自己的时候，身边的人也会跟着改变。

后来她才发现，自己本来就是一个公主，何必又非要将自己活成一个保姆呢？

小艾参加了今年的同学聚会，遇到了很多大学时候的好朋友，其中一个就是小宇。其实小宇当时在学校的时候是一个同学里面的边缘人物，大家很少会主动提起他来。但是现在，小宇手下已经开了好几家公司，自己还经营着一个电影院。让人很是羡慕。一见面，他就热情地跟大家打招呼，叫嚣着让大家有空一定要去找他玩。

喝完酒以后，大家开始讲述自己这些年的经历。讲完以后，大家才明白，这个让人羡慕的成功人士之前的生活有多么的难。刚工作那会儿，他遇到了很多困难，过得很不开心。可是现在能想起来的最开心的事情就是拿着赚来的第一笔钱给自己换了一个新手机。虽然现在看来，那个手机很老土，但对于那个时候的他却有着非凡的意义。就是这些小快乐让他撑过了那段最难熬的日子。

所以，自此以后，他养成了一个习惯。每次自己完成了一个目标以后，都会做一点事情来奖励自己。很多人都说他心态好，可能跟这个习惯也是分不开的。

奖励自己，听起来是一句有点矫情的话。都这么大年纪了，还需要一点点奖励来推动自己去工作吗？如果你有这种想法，那就是很苛刻了。甚至看到别人这么做的时候，心里都会感到不平衡。

比如，有人拿着自己年终奖报了个国外游，这时候就会有人站出来指责说："一年工作辛辛苦苦，好不容易才发了这些年终奖，你不应该将这笔钱好好存起来吗？还要这样浪费掉，真是不知道自己过的什么日子。"

然而，别人的想法当然不会和你一样。"辛辛苦苦，忙忙碌碌地工作了一年，发了一个年终奖，还不趁此机会好好犒劳一下自己，给自己一个奖励？"

所以，当别人犒劳完自己，回来继续工作的时候，总是元气满满，为了下一个目标而不断提升自己。与客户聊天的时候，总是有源源不断的话题，而你坐在那里却不知道和客户说些什么。

其实这种奖励根本就不能被当作是一种浪费，而应该被看作是一种投资。奖励自己一次旅行，就是在为自己的见闻和知识进行投资。只有改变自己看问题的角度，真正懂得这种奖励的意义，才能将生活过得透彻，也才更能给自己创造快乐。

【智慧屋】

奖励刺激目标更有效

像一个小学生听到爸爸妈妈给自己的奖励承诺以后，自己对待学习的态度也会变得格外地认真起来。这其实就是一种刺激手段，当你想到自己喜欢的东西可以通过实际行动的付出而获得的时候，就会将更多的注意力放在自己的实际行动上来。

所以，在各个年龄阶段，各个行业范围，都有人在用这种方式刺激人的潜能。对我们自己来说，自我奖励就是一种最好的刺激方式。

自我奖励是一种积极正面的心理暗示

当我们通过努力得到自己想要的东西以后，自信心会成倍地增长。所以，自我奖励带给我们的心理暗示就是一种积极正面的暗示。在这套机制的作用之下，我们心里的负面情绪将会越来越少，取而代之的都是一些正面的想法。比如，同样是遇到困难，我们想得更多的总是如何去解决这个困难，为了解决这个困难，我还需要做哪些事情？而不是选择退缩和逃避，觉得解决与不解决都是一件无所谓的事情。

慢慢地，就会形成一种态度上的差距，而没有自我奖励的人只会越来越不理解有自我奖励的人的选择，我们看到的结果也就不言而喻了。

欲望都市里的夜归人

　　当我们有了一间房子，过一段时间后，会想要一间更大一点的房子。而当我们有了一间更大一点的房子以后，我们又会想要一间地段更好一点的房子。而当我们有了一间地段更好一点的房子以后，我们又会想要一间地段更好一点的大房子。这就是我们的欲望，似乎永远也没有止境。正如一句埃及哲学家说过的话：欲望是人遭受磨难的根源。诚然，欲望可以使人得到欢乐和幸福，但这欢乐幸福的背后却是苦难，乐极是要生悲的。一切欲望实现以后，却也免不了灾难。

　　理性对待自己的欲望，并不是说要禁欲，要一点儿欲望也不能有。而是要我们自己对欲望有一个正确的看法，不能要求得太多，也不能毫无要求。要的过多，人就成了生活的奴隶。而毫无要求的话，人就会不求上进，不思进取。所以，除开这两种极端的思想之外，我们需要树立一个正确的欲望观，去了解我们自己，塑造我们自己，乃至成就我们自己。

　　有一位生物学家在非洲做考察，他发现了一群非洲蚂蚁，于是花了很长时间来跟踪它们。在这个过程中，生物学家发现这些蚂蚁很喜欢自相残杀，有的蚂蚁还会突然死亡。由于这些蚂蚁个头比较大，所以力气也比平常的蚂蚁大很多。它们经常为了争抢一些食物而大动干戈，还有很多非洲蚂蚁会被土壤淹没变成泥丸。

　　为了解开这些事情的真相，生物学家将自己观察到的情况详细地记录了下来。

在他的记录里面，有一段文字是这样描述的：有一只蚂蚁在为自己储备过冬用的粮食和物品，它发现了一大片羽毛，然后毫不吃力地将羽毛拖到了自己的洞门口。但是，等到了门口的时候才发现，这片羽毛的体积太大了，根本无法将它拖进洞中。

既然自己没办法储藏，那不如将这片羽毛藏起来。所以，这只蚂蚁又迅速地将这片羽毛拖到了一个很隐蔽的树洞中。而那个树洞正好也是蚂蚁巢穴的另外一个出口，所以也很安全。

没多大一会儿，那个树洞门口就被搬过来十几片羽毛。而那群忙碌的小蚂蚁依然乐此不疲地搬动着。树洞门口聚集的东西也越来越多，蚂蚁们在一阵满足中结束了一天的工作。

可是到了晚上，突然下起了一阵大暴雨。这些雨水冲刷着大地，威胁着这群蚂蚁的安全。所以，正在睡觉的蚂蚁不得不全体出动，仓皇逃命。雨积成水，沿着巢穴的洞口冲了进来。那些为了过冬而准备的东西也已经被雨水冲毁，所以蚂蚁们带着自己的孩子准备沿着那条逃生的后路出逃。但是它们却并没有成功，因为后路已经被它们搬来的那些羽毛堵死了。原本羽毛还不至于将出口堵死，但是由于大雨打湿了羽毛，所以羽毛被凝结成了污泥，这才堵塞了后路，让这些蚂蚁无路可逃。

这场暴雨停息以后，生物学家再次来到这个蚁穴，只看到了那些气息奄奄的蚂蚁。而它们洞穴里的过冬物资，早已经被其他非洲蚂蚁瓜分干净。

非洲蚂蚁的贪婪将自己送上了一条不归路，而我们又何尝不是如此？我们控制不住自己心里的欲望，而用来形容它的词语，也只有更多而没有最多。

有一家店，专门为女性做婚姻服务，他们的宗旨就是：进店以后，女人们可以随时挑选一个自己满意的配偶。但是，他们也在店门口立了一张告示牌：每个人都只能在店里逛上一次，而店里总共是六层楼，随着楼层的升高，与之相对应的男人的质量也会越高。规则是：你可以在任意楼层挑选一个你所满意的对象，但是必须得注意的是，你只能选择挑选或者上楼，一旦你离开这个楼层，就不能回来再逛第二次。

有一个女人来到这家店里，想为自己找一个老公。当她到达一楼的时候，看见一张告示牌上写着："这一层的男人有工作。"于是，女人逛也没逛就直接上了二楼。

到了二楼以后，她又看见告示牌上写着："这一楼的男人除了有工作还很爱孩子。"女人依然没有心动，她想要找一个更好点的。于是她又来到了三楼。

到了三楼以后，她又看见告示牌上写着："这一层的男人除了有工作爱小孩之外，还有一张帅气的脸庞。"看到这里，她已经有一点点心动了，但是想到上面还有更好的，还是放弃了，果断选择继续上楼。

到了四楼以后，告示牌上写着："这一层的男人除了有工作爱小孩以外，还有一种令人窒息的帅，而且还会帮忙做家务。"女人已经十分心动了，但想到后面的可能会更好，于是还是强迫自己继续上楼。

等她到了五楼的时候，看到告示牌上写着："这一层的男人除了有工作，爱小孩，拥有帅气的脸庞，会帮忙做家务以外，更会调情制造浪漫哦。"女人看到这里，非常想要留下来。但思考片刻，她还是选择了向上走，因为她觉得总有一个最好的在等着她来挑选。

于是，她满怀期待地来到了六楼，刚一上去，她就看见了一个巨大的电子告示牌，上面写着："你是来到这里的第 123456789 位顾客，我们很遗憾地告诉您，这一层没有任何男人，谢谢您的光临。"

其实，这种挑选老公的心理和模式与我们每个人的成长模式极为相似。对于我们现在拥有的，总不会觉得是最好的，而相反，我们永远都会觉得有一个更好的在等着自己。所以自己拥有的都会变成一种稀松平常，而在不停地追逐和寻找之间，又会衍生出很多新的欲望。可是，当你有过这番追逐以后，又会发现，自己以前曾经拥有过的似乎才是最好的，但是想要回到过去已经变得不可能。

一个人能不能干成大事，很大程度上就取决于能不能控制好自己的欲望。当我们知道对于自己来说，什么才是最重要的，什么才是自己最应该追求的，什么才是自己最值得追求的，我们才能对自己有一个正确的认识。从而也就能从容面对外界的诱惑，不轻易动摇自己的初心。

【智慧屋】

最适合的就是最好的

平时的生活中，我们在为自己挑选一些东西的时候，总是会有一个对比。这里所说的对比就是自己和他人的对比。比如，自己需要买一个包，明明最适合自己的就是那种经济实惠的，可是看到身边人背着比自己好很多的包后心里又开始后悔。后悔没有买一个比她们的包更贵的包。而这样想下去以后，我们只会无止境地在自己与别人之间寻找这种物质上的差距。不仅不能带给我们丝毫的满足和快感，反而会让自己的心情变得糟糕。所以，一定要牢记，没有更好的，适合自己的就是最好的。

不忘初心

我们最初去做一件事情的时候，可能只是抱着一个很单纯的目的。可是当我们做成这件事情以后，就会将自己这个单纯的目的完全忘记，取而代之的则是一个充满欲望的想法。比如，我们为了提高自己的英语口语能力而去报了一个学习班，在学习的过程中，我们了解到通过兼职家教可以挣钱，于是等学习班毕业以后，你就开始为自己找家教的活。做过一段时间以后，你发现这样还挺挣钱，可是如何才能挣更多的钱呢？于是你开始筹备自己的补课作坊，把全部的心思都放在了挣大钱这件事情上，而不再花工夫去提高自己的英语能力。

所以你可能要接受的结果就是：学习班没办好，自己的英语能力也没有得到真正的提高。

对比得快乐，攀比生自卑

"生活之所以累，一半是源自生存，而另一半则是来自攀比。"这是一句流传很广的警示名言，因为它向我们揭示了一个很现实的问题，那就是攀比会给人带来负担，产生疲惫。但即便是这样，依然还有很多人格外喜欢攀比。看见自己的衣服没有别人的大牌，心理不平衡，要买。看见别人的首饰比自己的名贵，心理不平衡，要买。看见别人的私家车比自己的大牌，心理不平衡，要买。所以，喜爱攀比之人，大多数时间都活在一种心理不平衡的状态之中。

除了这类爱攀比的人，我们身边也不乏爱对比之人，他们对比的不是别人，而是自己。拿自己昨天与今天进行对比，拿自己现在的成绩与以前的付出进行对比，拿自己的大进步与自己的小进步进行对比。与攀比不同的是，这种对比会让自己更加全面地认识自己，对于自己的优点和缺点都了然于心，从而得到更快的成长和进步。

所以，对比得快乐，而攀比只会生自卑。

有一种鸟，名叫翠波鸟。它们一直生活在南美洲的大片原始森林之中。它们的名字源于它们的外形，有一身翠绿的皮毛，皮毛上还有一些灰色的纹理像波浪一样一圈一圈地挂在它们的羽毛之上，所以被命名为翠波鸟。

见过这种鸟的人都觉得它们十分地美丽，可是也有一个问题令大家感到十分不解，那就是这些鸟似乎每天都将自己的时间花在搭建巢穴上。即便是自己所搭建的巢穴已经完成能够让自己容身，它们还是一刻不停地为自己的巢穴忙忙碌碌。所以，这样的辛劳过后，让它们的样子看上去很疲惫，每天都是无精打采的样子。

翠波鸟的巢穴有一个很突出的重点：庞大。它们将自己的巢穴搭在大树上，一个一个排列在那里，那种场面看上去很是壮观。但实际上，翠波鸟的体积根本就不算大，它们属于一种小鸟，有五六厘米那么长。可是为什么它们会需要这么大的巢穴呢？需要这些大于它们身体体积几倍甚至几十倍的巢穴呢？

这件事情引起了一位动物学家的注意，为了解开其中的奥秘，他决定对这些鸟一探究竟。动物学家亲自动手制作了一个很大的笼子，然后将捉来的一只翠波鸟放进这个笼子里，以便观察它搭建巢穴的过程。

没过多久，笼子里的翠波鸟就将自己的巢穴搭建好了。可是让这位动物学家没有想到的是，这只翠波鸟搭建的巢穴并没有之前看到的那么夸张的大，它只是建好了一个能容下自己身体大小的巢就停下了手上的活。这一现象和举动更加激发了动物学家的好奇心，于是，他又抓回来另外一只翠波鸟，把它们关进了同一个笼子里面。

当第二只翠波鸟进了笼子以后，也很快就开始为自己搭建巢穴。这个时候，动物学家看到了很有趣的一幕：第二只翠波鸟开始搭建巢穴没多久，之前那只原本停工了的翠波鸟马上又开工了，它极力去扩张自己的巢穴。就这样，两只翠波鸟谁也没有停下来，而它们的巢穴也越建越大。

几天过去了，笼子里的两只翠波鸟都显得非常疲惫，所以，搭建巢穴的速度也很快放慢了。又过了几天之后，动物学家再次去观察笼子里的两只翠波鸟的时候，他发现第一个被关进来的那只翠波鸟已经死掉了，而第二只在第一只鸟死掉以后，也马上停止了筑巢。看到这里，动物学家更是有点困惑不解。

于是，他又抓来第三只翠波鸟放进这个笼子里。经过他的观察，他发现，这两只翠波鸟上演的情况和之前是一样的：新来的鸟开始搭建自己的巢穴，而之前那只已经很疲惫的翠波鸟看见了以后，也开始扩建自己的巢穴。然后那只疲惫不堪的鸟最终死去，新来的鸟也停止了自己的工作。

一只鸟在的时候，它们就只建一个小小的容身之处，而一旦有两只鸟，它们就开始扩建自己的容身之处，直到将自己累死。动物学家想到这里，不禁陷入了深深的沉思，不久，他也突然明白过来：这些翠波鸟不停地忙着扩大自己巢穴的真正原因就是攀比。在它们心里根本容不下对方的房子比自己建的大，所以，一旦发现别的翠波鸟在建房子，它们就会开始不停地将自己的房子扩大扩大再扩大。

在这个实验中，两只翠波鸟最终都是自己将自己累死。而害死它们的罪魁祸首就是攀比心太强，丝毫不能容忍对方比自己建的房子大。

我们是不是也像这些翠波鸟一样，忙着将自己的目光放在别人身上，别人的一举一动都会引起我们很大的波动。而自己却连自己的实际状况都没有弄清楚，最终没能赶上别人还将自己累垮，即便是咬紧牙关将别人追上了，自己也已经累得半死不活了。

为什么我们不能将多一点的目光分给我们自己呢？如果我们把关注别人的目光移到自己身上，结果又会是什么呢？

有一个人坐在湖边钓鱼，而在他身后有一群人在欣赏风景。不一会儿，钓鱼的人拉上来一条大鱼，那条鱼足足有两尺长。钓鱼者将鱼拉上岸以后，鱼仍然跳个不停。可是，让人感到奇怪的是，钓鱼者只是踩着鱼将钓钩从鱼嘴里取出来，然后顺手将鱼抛回了湖里。周围的人都一阵惊呼：钓到这么大的鱼还不满意，那要多大的才能满意呀。

于是，人们都在旁边等着钓鱼者的第二条鱼上钩。没多大一会儿，钓鱼者又将鱼竿一扬，一条鱼上钩了。这次拉上来的鱼却并没有上次的那条鱼大，只有一尺多长。可是，钓鱼者还是脱下鱼钩，将鱼抛回了湖里。旁人更是不解。

等到他钓上来第三条鱼的时候，拉上来一条小鱼，大约还不到半尺。大家以为钓鱼者又要将这条鱼抛回湖里了，但是钓鱼者却并没有这样做。只见他取下鱼以后将它扔进了自己的鱼篓里。

围观群众已经满是疑惑，于是走上前去问道："为什么你将大鱼扔回湖里，而留下这条较小的鱼呢？"

没想到钓鱼者回答道："因为我家里最大的盘子只有这么大，如果我将大鱼拿回去，家里的盘子也没办法装下，所以我只要小的。其实我觉得小鱼也挺好的，做起来也没有大鱼麻烦。"

短短一句话，却道出了一个真理：明白自己的处境，知道怎么做自己才是最快乐的。

根据自己的实际情况出发，才能做出一个最正确的选择。一味地攀比别人，只会让自己离自己越来越遥远，越来越不快乐。

【智慧屋】

承认差距

人与人之间存在这样或那样的差距是很正常的，因为每个人本身所成长的环境，接受的教育，拥有的天赋都是不一样的。再加上后天各种因素的影响，肯定就会形成一些世俗意义上的好坏差距。当我们恰好处在"好"这一端的时候，没必要太得意，因为好坏只是相对的。而当我们恰好处在"坏"这一端的时候，只需要想办法好好提高自己，而不是自惭形秽，陷入一种自卑的心态中。

不拿己短比人长，也不拿己长比人短

我们每个人都有自己的长处和优点，可是有些人却总是喜欢拿自己的短处去和别人的长处相比。比如，有的人很精于绘画，而自己没有一点儿这方面的天赋，却非要去和别人比绘画技术，当然只能被别人比得体无完肤。回来以后还要伤心好久，认为自己很没有

用。其实，大可不必这样，或许你绘画不行，但你有一个很好的书法基础。你们只是擅长的领域不一样而已，谁都有一个自己拿手的本领。

同样的，我们也别拿自己最擅长的事情去和一个最不擅长这事的人来进行比较，这种比较没有任何意义，不仅不能突出你的优势，还让你的行为显得很没有档次。

钻入牛角尖以后，你的日子好过吗？

"钻牛角尖"这个词，形容的是那种思想方法狭隘的人，他们喜欢费力研究那种不值得研究或者无法解决的一些问题。与自己过不去的方式有很多种，钻牛角尖大概就是运用最广泛的一种。

传说有一只老鼠不小心钻到了牛角里去，一时跑不出来了，却还是拼命往里面钻。牛角提醒老鼠说："你还是退出去吧，越往里面钻，路只会越窄啊。"可是老鼠不仅不退，还告诉自己只能前进，决不后退。牛角又提醒它说，可是你走错路了啊。老鼠依然还是坚持自己的想法：我生来就是打洞的，怎么会走错路呢？于是，它最后只能闷死在牛角里。

有多少人也像这只老鼠一样，在牛角里打着自己的洞呢？比如，因为一场失恋就不吃不喝，甚至还要寻死觅活，可是等最后想通了以后，才发现也不过如此。我们以为这是一种不认输的精神，可是我们却不知道这只是在一条错误的道路上付出的一种错误的努力罢了。

有一个读书人，本来也没有什么大学问，可就是遇到什么事情都要与人争论一番，以显示自己的博学和见闻。

有一次，读书人住在一个名叫艾子的人家里。虽然是在别人家里做客，可是他仍然改不掉自己的毛病。他刁难似的向艾子问道：

"你应该见过那种大车和骆驼，你说为什么它们二者身上都要挂上一个铃铛呢？"

艾子想了想回答道："大车和骆驼的体积都很大，它们经常都需要在晚上赶路，而晚上天色很暗，它们相互看不到彼此，所以，如果是狭路相逢的话，来不及避开就会撞上。这才各自挂上一个铃铛，以方便在离得远的情况下还能让对方知道自己的存在，可以及时避让，以防相撞。"

艾子还没有说完，读书人马上又问出了一个问题："我看那些佛塔的顶端也有一些铃铛，但是佛塔都是固定不动的，难道它们也需要用铃铛来提醒对方，在夜间行走的时候相互避让吗？"

艾子面带不悦地回答说："你还真是古板得很，佛塔很高，而平常那些鸟类也很喜欢在高处筑巢。而一旦筑巢以后，它们就会撒下污秽的粪便，污染佛塔。所以在顶端挂上铃铛，雀鸟再飞来的时候，铃铛叮当响起，就会将它们吓跑，也就不会在这里筑巢了。这和大车、骆驼挂铃铛根本就是两回事啊。"

读书人没有理会艾子的情绪，继续向艾子问道："那我们看到的猎鹰和风筝的尾端也系着铃铛，难道这样做是为了避免雀鸟在它们尾端筑巢吗？"

艾子听完以后，苦笑一声，无奈地继续回答道："我看你好歹也是一个读书人，真不明白你这样做是在装傻呢，还是你本来就不开窍。猎鹰和风筝捕猎的时候，经常需要进入森林或丛林里去，而丛林里的树枝也经常会将它们脚上的绳索束缚住，让他们无法摆脱。这样，给它们系上铃铛以后，当它们挣扎的时候，铃铛就会响起，主人听到铃铛的声音以后，就知道了它们的位置，以方便自己寻找。你看，猎鹰和风筝的铃铛与佛塔的铃铛根本就不是一回事儿嘛，干吗非要把它们放在一起讨论呢？"

说到这里，读书人还是不肯罢休。他继续问道："我看那些送葬的队伍里面，总会有一个人在前面摇着铃铛唱着挽歌，以前不是很明白，经你一点拨，现在突然清楚了，原来是害怕他的脚被树枝缠住了不好找。这样做以后，人们就可以循着铃声将他找到了。"

艾子对他实在失去了耐心，所以很生气地回答道："那个摇铃铛的人是死者的领导者。由于死者在生前是一个喜欢抵赖、喜欢刁难人，而且还让人感到很难缠的人，所以才需要有人来为他摇铃铛，这样做是为了让他感受到欢愉。"

说到这里，读书人终于闭嘴了，他再也说不出一句话来。

在这个故事中，读书人将钻牛角尖演绎到了极致，最后得到的却是艾子的一顿讽刺。我们在生活中遇到问题的时候，是不是也像读书人一样，怎么走也走不出来，非要将自己绕进去，绕到无路可退？可是，这样做你真的快乐吗？刁难了别人的同时，也为难了自己。

英国有一个非常著名的雕塑家，他叫卡普尔。《坠入地狱》是他的代表作，他也凭借这部作品而一举成名。有一天，英国一家报纸媒体的记者去采访他，刚好这名记者也是一位业余的雕塑爱好者。所以在采访间隙，他向卡普尔请教了一番，如何才能成为一个成功的雕塑家。记者希望卡普尔给自己透露一点自己的职业秘密，以便自己向他吸取经验。

卡普尔回答说："其实，我真的没有什么成功的经验，我知道，以我个人的体会，在雕塑的过程中，我们必须做好两点，而这两点也是一个成功雕塑师必不可少的两点。"

在记者的继续追问之下，卡普尔说出了自己的秘密："第一点就是，在雕塑的过程中，要把人的鼻子雕得大一点。而第二点就是把人的眼睛雕得小一点。"

对此，记者不是很理解。他继续问道："为什么是这样呢？如果我们将鼻子雕大，眼睛雕小的话，那最后雕出来的人岂不是非常难看？"

卡普尔给出了自己的解释，他说："鼻子大眼睛小的话，我们在后期的雕塑过程中就还有修改的余地。你可以试想一下，如果是鼻子大了，我们还可以往小里改，而眼睛小了，我们还可以往大了扩。相反，如果我们从一开始就将鼻子雕得很小，眼睛雕得很大，那就没有办法进行修改了。"

在雕塑界是如此，需要给自己的创作留有一定的空间。这种思路是不是可以被我们引用到自己的生活和工作中来呢？凡事给自己留一点余地，也会多一些回旋的空间。如果我们硬是要钻牛角尖，那我们也只会被问题牢牢地套住出不来。

【智慧屋】

遇事要拿得起，放得下

很多人之所以爱钻牛角尖，就是因为面对一件事情的时候，如果他们输掉了，就会放不下这件事情，心里就只有一个想法，如何驳回这一局，如何才能赢回来。

所以，想要摆脱自己爱钻牛角尖的毛病，就要先摆正自己的心态，遇到事情的时候，我是不是做到了拿得起放得下？比如，别人回答了一个你不知道的问题以后，你是否会因此觉得自己没有面子，从而百般刁难，不给别人好的台阶下。这就是拿得起放不下的典型表现，这种思想会引导我们往消极的方向越陷越深，所以最后的结果也只能是越来越糟糕。

找到一个释放自己压力的方式

通常，内心比较压抑的人，会有一种逼迫自己的倾向。有时候他们逼着自己与别人过不去，有时候又逼着自己与自己过不去。比如，当有人做了一桌子菜请他吃饭的时候，他会说他以前吃过很多比这些菜味道更好的菜。当自己遭受到生活的打击时，就会一蹶不振，认为自己不可能再有好日子了，而只会比现在过得更加糟糕。这些都是内心压抑的表现，所以，我们要找一个释放压力的方式。

其中比较有效的就是运动，长期坚持运动的人，心态会更加乐观一点。当我们的负面情绪得不到释放的时候，选择一项自己喜欢的运动，就是一个很好的方式。

成为老板的你，更需要去学习

有一句话曾经风靡一时："当你的才华还撑不起你的野心的时候，你就应该静下心来学习；当你的能力还驾驭不了你的梦想的时候，你就应该沉下心来历练。"

不管我们处在什么年龄段，十八岁还是八十岁，也不管我们处在什么职位，老板还是员工，有一件事情我们怎么也不能放弃，那就是学习。或者说，成为老板的你，其实比谁都更需要去学习。

我们说，我们工作是为了自己，而不是老板。所以从某种意义讲，我们就是我们自己的老板。当我们的摊子变大的时候，我们也要随之武装自己，让自己去拥有一个与之匹配的能力，这样才不至于在工作的过程中出现焦头烂额的情况。如果你通过不断地学习，让自己有了一个与你目前的职业目标相对应的职业能力，那你反而会变得更加轻松，而不是疲惫。

学历并不能代表知识的多少，俗话说三人行必有我师。我们需要学习的东西不仅仅只是存在于课堂上，存在于书本上，更多的是存在于生活中，存在于工作中。在我们的生活和工作中，有很多事情需要我们去学习，我们身边也有很多人值得我们去学习。多问一个为什么，多学一门技术，多掌握一门语言，就少说一句求人的话。

"情况是在不断地变化，要使自己的思想适应新的情况，那就得学习。"我们恰好处在一个瞬息万变的时代，这个时代的强悍之处就在于，它如果要抛弃你，连一声招呼都不会给你打。我们随时都需要给自己补充新鲜的营养，来支撑自己在时代的洪流中屹立不倒。

【智慧屋】

空杯心态最可贵

乔布斯在一次演讲中提到过，我们需要保持一颗饥饿的心，保持一种空杯的心态。其实这就是说无论我们走到哪里，身处什么位置，都不要忘记学习这件事情。

而且，我们也不能因为自己有一个较高的学历，在某些领域有很多丰富的经验，我们就自诩清高，贬低他人。这样做是最不利于自己成长的一种方式，我们必须时刻记住，山外有山，人外有人。你觉得自己厉害，那肯定有人比你更厉害。

学得越多，越会发现自己的无知

我们通过学习扩宽自己的视野之后，就会对之前自己的某些认识做一些否定。

其实这就是一个发现自己无知的过程，也是一个培养我们谦虚和低调的过程。比如，我们在学习了英语语法之后，才会明白，以前自己的口语或者作文之中存在着多少语法错误。这与我们在工作中的感受是一致的，我们的职位越往上走，我们接触到的东西越多，越能发现自己以前做的不好的地方。

所以一个人的能力和学识，必须和他的位置相匹配。这才是保持我们学习热情，提高我们办事能力的一种好手段。

学习是提升自我价值最好的途径

现代社会再没有什么铁饭碗的说法，我们需要的远远不止一份稳定的工作和收入。在这个缺乏安全感的时代，最好的安全感都是自己给的。只有通过不断地学习来提升自己的价值，让自己随时随地都可以被需要，这才是一份最扎实，最稳定的安全感。被工作需要的越多，被岗位需要的越多，才是你能把握住的最铁的饭碗。如果你问，为了达到这种被需要的程度，自己需要怎么去做？其实答案只有两个字：学习。这是唯一一条可以选择的捷径。

PART 5

无兴趣，不人生
聪明的人从不无趣

　　生活的无趣在于人的无趣，生活的平淡在于技艺的平淡。如果我们兴趣爱好颇多，生活技艺丰富，那么，生活将处处充满了惊喜。找到自己喜欢的事情，并努力去把它经营好，生活的乐趣就在于此。

生活的惊喜在于不断地 get 新技能

很多人认为，离开学校就意味着结束学习，所以，从踏出校园大门的那一刻开始，他们就彻底结束了自己的学习生涯。但是，我们真的能凭借自己现有的才艺和技能去闯荡无边无际的江湖吗？我们又该用什么来调剂工作的疲惫和生活的乏味呢？有些时候，事情的真相可能会远远超出我们的心理预期，比如，我们没办法对生活保持一份永久的热情，我们只能尽量将这份热情维持得久一点。而新鲜事物的出现和新鲜技能的 get 恰好是我们将这份热情维持久一点的秘诀。

在我们成长的过程中，最不应该停下来的一件事情就是学习。当我们花费时间掌握一门新的技能的时候，我们同时也能发现自己的生活在变得更加美好，对于未来，自己也会变得更加有信心。这些技能可以是工作业务方面的，也可以是生活方面的。一旦我们花心思和精力去投入其中，你就会发现来自生活和工作的很多小惊喜。

多才多艺，生活才能多姿多彩。我们与其抱怨生活乏味，不如撸起袖子去钻研一门谋生之外的手艺。这样，在生活平静的海洋里，才能时不时地泛起朵朵活力的浪花。

【智慧屋】

选择然后下定决心

现今的学习渠道有很多种，我们获取学习资源的方式也变得越来越方便。如果你想要学习某种技能，只需要选择一件自己喜欢的事情，然后下定决心将这件事情做好。有了这个好的开始以后，事情几乎就已经成功一半了，当然，我们在学习的过程中，难免会遇到很多实际困难，这个时候我们最需要做的就是去解决问题，而不是跳过困难，继续进行下一项工作。如果是这样的话，我们的学习就不会有丝毫的进展，以后的学习过程也会变得很不顺利。

get 以后，要学会应用

我们所学习到的东西不是一些虚头巴脑的东西，而是可以直接应用于实际生活，服务实际生活的东西。所以，我们一边学习的时候，也要一边实践，这样才能保证学习的质量。比如，我们有练习书法的习惯，在生活中，我们也有一些机会去展示自己的这项才能。身边有精于此工的朋友来家里的时候，你可以书写几个字，让其指点一二。不仅成就了生活的一种情趣，更让自己得到了锻炼和学习。

不断地学习，就有不断的惊喜

新事物的出现就是给我们的生活注入了新鲜的血液，可以让我们萌生对生活和工作的更多乐趣。当我们养成了一种不断学习的习惯之后，就能在生活中时时感受到一种不一样的惊喜。所以，并不是生活太无聊，而是我们自己不懂得学习才让生活变得无聊。

致敬心目中的那些男神女神

　　每个人心里都有一个自己崇拜的人，他们或者是某个领域里的专家，或者是做了某件在你看来遥不可及却又十分想做的事情。这种人可以成为我们的精神领袖，指引我们向他们慢慢靠近。我们崇拜一个人，绝对不是盲目地在崇拜。那些人身上一定有吸引我们的理由，一定也有我们想要学习和模仿的优秀品质，这样才能成其为偶像，成其为男神和女神。

　　现代社会有一大群追星的人，但是一提起追星这件事情，在很多人看来，都是一件过于疯狂，甚至有点失去理智的事情。大多数人心里的偶像都是某位明星，只是有的人追起星来就会失去理智，失去明辨是非的能力，偶像做什么都觉得是对的，自己也要竞相模仿。这其实是我们所不提倡的，要谈到偶像的力量，我们就要明白，我们从偶像身上吸取的能量是否为积极向上的正能量。只有模仿他们身上值得我们去模仿的地方，才能对我们的人生有一个正面的引导。

　　而影响我们行为的榜样可以是大腕明星，也可以是最平凡最普通的身边人。

　　在一个住宅小区内，人们平常总是很随意地将生活垃圾扔在一块广场旁边的空地上。因为垃圾站设置的有点远，所以人们懒得走到垃圾站去扔垃圾。天长日久，广场上的那块空地已经完全被垃圾占领，天气一热，总是蚊蝇乱飞，还散发出一股刺鼻的味道。

后来，小区物业发现了这个问题，索性就在这块空地上放了两个大大的垃圾桶。垃圾桶放好以后，小区的卫生状况改善了一段时间，卫生条件稍微有一点好转。但是过了一段时间，新的问题又出现了，人们扔垃圾的时候还是会像以前一样随手一扔，很多情况下，垃圾都没有被扔进垃圾桶，但是人们就那样任由垃圾堆在垃圾桶旁边。

时间一长，垃圾桶旁边又堆起了高高的垃圾，臭味飘得很远。但即便是这样，人们也不愿意多走几步，将垃圾扔进垃圾桶。一般都是站在离垃圾桶一米左右的地方就开始用力甩掉手上的垃圾，至于垃圾会被甩到哪里去，却并没有人关心。每次有人经过那个广场，都是强忍着臭味，捂紧口鼻，快速通过。

有人实在看不下去了，于是在那里竖了一块牌子，上面写道："请往前走几步再扔垃圾。"牌子上的语气非常客气，和善。但却并没有起到什么效果，垃圾依然满天飞，甚至快要将那块牌子淹没掉了。

过了几天，人们又发现那块牌子上的内容改成了："此处严禁乱倒垃圾。"这一次的语气比上一次的强烈了很多，但人们依然无视这块牌子上的内容，以前怎么倒垃圾现在还怎么倒。

后来，牌子上的字又换成了："严禁乱倒垃圾，违者处一百元罚款。"虽然听上去一次比一次厉害，但依然没有丝毫作用。广场旁边的这块空地还是一片狼藉，垃圾遍布。

再后来，牌子上干脆写了一句骂人的话："乱倒垃圾的人简直猪狗不如！"话都说到这个份上了，情况应该要有所好转了吧，但结果却依然令人很失望。没有人在意这个牌子上的内容，因为不可能有人时时刻刻守在这里，所以自己倒垃圾的时候也不会有人看见。牌子上面的内容当然可以说"与我无关"了，所以，大家还是我行我素，不听告示牌的劝导。

可是，事情的转机就在开年的某一天出现了。人们发现，那块堆满垃圾的空地突然变得干净了，垃圾桶旁边找不到任何垃圾了，之前周围的陈年垃圾都被清理掉了。那个改了一次又一次的告示牌也不见了。这是怎么回事呢？

原来，这个小区新搬来一对夫妻，一对年过花甲的普通老年人。更让人感到惊讶的是，这对夫妻都是盲人。但是，从他们搬进小区的第一天开始，每天早上他们都在做同一件事情，那就是出门走三十米去扔垃圾。但每次他们都能准确地将垃圾投进垃圾箱，从来没有随手往外面放过。

这件事情让人感到很奇怪，有人前去问他们："您是如何在看不见的情况下将垃圾准确地投进垃圾桶的呢？这里很多看得见的人都是随手往垃圾桶旁边一放就完事了的。"

大爷回答说："刚开始扔垃圾的时候也不是特别准，后来慢慢地扔得多了，心里就有数了，就知道该往哪里扔了。"

从这以后，人们开始学着这对盲人夫妻，将垃圾扔进垃圾桶，而不是随意一甩，甩到哪里是哪里。时间久了，人们也就改掉了乱扔垃圾的毛病。

这就是榜样的力量，他们可以不说一句话就对我们产生行为上的深刻影响。所以我们在树立自己心中榜样的时候，一定也是对其有一个全面认识的。知道自己应该向他们学习什么精神，也知道自己会受到哪些方面的正面影响。

我们说，播种一个行为，你就收获一个习惯；而播种一个习惯，你就收获一个品格。

有一个男子，每天上班前都习惯去离家不远的镇上的一家小酒馆里喝一杯酒。这么多年以来，几乎每天都是如此。

有一天，天上飘着鹅毛大雪。他穿好衣服告别妻子之后就出了门。这一次，他还是朝小酒馆走去，一心惦记着小店里的酒水。可是，出发没多久，他就感觉到在他身后一直有人跟着他。他回头一看，发现了自己的孩子。他正踩着自己的脚印，一步一步地朝自己走过来。一边走还一边高兴地朝他喊着："爸爸，你快看看，我现在是沿着你的脚印在走路哦。"

孩子的这句话让这个男人怔住了，他在心里思忖："自己现在是要去镇上的小酒馆喝酒，而自己的孩子却踩着我的步伐，跟随我的脚步走了过来。"

想到这里，男人决定要戒掉这个毛病，从此以后再也没去那家小酒馆了。

与正能量相对应的就是负能量，一旦我们树立了自己的榜样以后，他们的行为就会潜移默化地影响到我们。所以在家中，作为家长的我们，一定要注意自己的行为对孩子的影响，一不留神，他们就会很快将我们身上不好的习惯统统学走。

【智慧屋】

寻找一个自己的榜样

榜样的力量是巨大的，不管是谁，都会有一个自己最为佩服的人。而自己在成长的过程中，多多少少也会想要和这个最佩服的人靠近一点。我们在确定自己榜样的时候，可以是一个大名鼎鼎的明星，也可以是一个默默无闻的普通人。可以是一位年长者，也可以是一位晚辈。可以是国内的，也可以是国外的。寻找到这个榜样以后，我们就会用他的行为来规范自己，甚至会模仿，会学习。尤其是在我们遇到难题的时候，会非常想知道，如果是他，他又会怎么做。而往往他们的事迹都能带给我们激励，帮我们渡过难以渡过的坎。

去糟粕，取精华

每个人身上都有值得被学习的地方，同时，每个人身上都存在一些不被提倡的品质。我们一边崇拜自己男神或者女神的时候，一边也要用一个理智的心态去看待事情。不要被这种崇拜的热情冲昏了自己的头脑，以至于失去了对事情的对与错，美与丑的基本判断。学会辨别榜样身上的精华与糟粕，你只需要学习那些好的地方，就可以帮助自己成长进步。比如，我们崇拜汪涵，要看到他的勤奋努力，看到他爱读书，广读书的习惯，我们要去学习这些事情。这样我们才能靠着榜样的力量慢慢提升自己，慢慢成长为我们想要成为的那种人。

不知道自己喜欢什么，生活还怎么继续？

在生活中，我们常常会遇到这样的情况：几个人一起出去吃饭，要点菜的时候，有人会说随便。因为他们不知道自己喜欢吃什么，所以只能等着别人点什么他们就吃什么。过周末一起去看电影，挑选影片的时候，又不知道自己喜欢什么类型的电影，只能跟着别人买什么，自己就看什么。去逛街买衣服，自己不知道喜欢什么样的风格，只能别人给自己搭什么，自己就买什么。

"不知道自己喜欢什么，生活就失去了一大半的乐趣。"这句话为我们道破了天机，如果不知道自己喜欢什么，那我们的生活还要怎么继续呢？如果连自己的兴趣爱好都没有，那我们还怎么把生活过得有滋有味呢？知道自己喜欢什么，生活就会减少一半的负担，因为你可以将自己的精力直接投入到喜欢的事情上去，而不是投入到思考自己到底该干些什么事情上来。

前几年，美国一所中学的入学考试中，出现了一道令人感到奇怪的题目：在比尔·盖茨的办公桌上放着五个抽屉，这五个抽屉全部都带着锁。而抽屉上分别贴着五个标签，依次是：财富、兴趣、荣誉、幸福、成功。在平常的工作中，比尔·盖茨总是只带着一把钥匙而将另外四把钥匙都锁在那一个抽屉之中，请问比尔·盖茨平常带的是哪一把钥匙？剩下的四把锁又在哪一个抽屉里？

　　有一位来自中国的中学生看见这道题目以后，有点慌了神，不知道该从何下手。甚至还弄不清楚这是属于什么类型的题目，到底应该是语文呢？还是数学呢？等到考试结束，他立马跑去向自己的担保人请教这个题目。他的担保人正是该校的理事之一。听他说完题目的事情以后，理事告诉他，这道题目只是一个智能测试题，那些内容在书本上是没办法找到的，而且最终的答案也不是唯一固定的。因此，每一位学生都可以根据自己的理解来进行回答，但是最后老师有权力根据试卷上阐述的观点给出一个分数。

　　最后，这位中国学生在这道题上拿了五分，而这道题目的总分是九分。虽然这位学生并没有在试卷上写下一个字，但是判试卷的老师认为他这样做至少代表他很诚实，所以光是靠着这一点，他就可以得到至少一半的分数。让这位学生更为疑惑的是他的同桌很认真地回答了这个问题，最后却只拿到了一分。他的回答是：比尔·盖茨带的是财富的钥匙，而其他剩下的四把钥匙都锁在财富这个抽屉里。

　　过了一段时间，这个同桌亲自写信给比尔·盖茨，他想向他本人寻求答案。在回信中，比尔·盖茨给出了自己的答案，他说："一定是在最感兴趣的事物上，隐藏着你人生的秘密。"

　　所以，比尔·盖茨给出的答案就是兴趣。也就是要让我们明白，找到一件自己喜欢的事情，对于我们的整个人生来说，都是至关重要的。如果我们牢牢攥着兴趣的钥匙，那其他四个抽屉的钥匙也会紧紧跟随我们。而如果我们将兴趣的钥匙丢失，剩下的四把钥匙，我们也将很难寻觅。

　　宇宙的终极问题都浓缩在：我是谁？我从哪里来？我要到哪里去？这几个问题之中。如果我们能弄清自己喜欢什么，那生活就会变得容易很多，也会变得有趣很多。

【智慧屋】

喜欢，是一切成功的开始

有一句比较老的话说兴趣是最好的老师，特别是在老师引导学生的过程中，总是把这句话搬出来应用到实际问题中去。我们的生活，除了追求物质上的满足以外，更多的乐趣都在于精神上的满足。而精神上的满足很大一部分就在于成就感的多少。当我们把自己投身到一件自己喜欢的事情中去的时候，哪怕是一点微小的进步也会给我们带来莫大的喜悦。这就是让我们感到生活越来越有劲的大力量，所以，喜欢才是一切成功的开始。在我们尝到一点甜头以后，又会更加专注地去研究，以期得到更大的进步，进步又给自己带来更大的荣耀，这就是一种精神满足，也是一种莫大的成就感。

十年以后的你，就是每天下班以后的你

现在的你，是十年前你所期待的样子吗？如果让你想象一下自己十年以后的样子，你的期待又会是什么呢？这个世界上有两种人，第一种人在忙着自己的梦想，而第二种人在忙着别人的梦想。如果恰好你是第二种人，每天下班以后不知道干什么，或者只是日复一日，年复一年地喝酒打牌玩游戏，那不用想象，即便是十年以后，你的生活状况还会是现在这个样子，甚至会比现在更加糟糕。

我们工作最直接的目的就是获得收入，养活自己。因此，很多人认为我只要能依靠这份工作养活自己和家人就可以了，下了班以后的时间当然是吃喝玩乐，养好精神等待第二天接着上班啊。毋庸置疑，这样的状态就是十年以后乃至二十年以后的状态。

现代社会已经很少有"英雄无用武之地"一说了，一边踌躇满志，一边又不肯实干，这是一种最危险的毁掉自己的方式。如果你是人才，一定不会被埋没，如果你是金子，一定会有发光的机会。哈佛大学曾经提出过一个理论：人与人之间的差别关键就在于业余时间的利用，而一个人的命运成败在很大程度上都取决于每天晚上的八点到十点之间。如果你能每天抽出两小时的时间来阅读思考或进修，参加讨论和演讲，坚持下去以后，你就会发现你的人生正在发生改变。在不远的地方，成功也正在向你招手。

在两座相对立的山上，分别建了两座庙。在这两座庙里分别住着甲和乙两个和尚，他们平时喝水不是很方便，必须到山下的溪边去挑水。这两个和尚每天下山挑水的时间都相同，所以时间长了以后，两个人相互认识了，并成了一对要好的朋友。

就这样，他们每天下山，挑水，然后再上山。时间很快就过去了，这样一起挑水的日子一晃就已经有五年了。但是有一天，甲和尚下山挑水的时候没有看见乙和尚的身影，心里觉得有点奇怪，他猜测道："这个和尚真是的，连挑水的时间都忘了，肯定是睡过头了，真不知道一会儿要怎么用水呢。"打好水以后，甲和尚就回去了，并没有多想。

可是，第二天的时候还是如此，甲和尚依旧没有看见乙和尚下山来挑水。他还是没有太在意。后来的第四天，第五天，乙和尚依旧没有出现。就这样，一个星期过去了，乙和尚没有出现。两个星期过去了，乙和尚没有出现。一直到一个月过去了，乙和尚还是没有出现。这下子，甲和尚的好奇心终于爆棚，他又在心里猜测道："我的老朋友这么久没下山挑水，他一定是生什么病了，我得上去瞧瞧，看看他有什么需要帮助的没。"

于是他挑好水以后，就上了老朋友的那座山，前去看望他。

当他到达老朋友的山顶以后，看到老朋友正在院子里悠闲地打着太极，不禁大吃一惊。因为老朋友面色红润，精神饱满，一点都不像一个月没喝水的样子，也不像生病的样子。于是，他向老朋友问道："你都这么久不下山挑水了，你喝什么？难道你可以做到不喝水吗？"

听到这个问题，老朋友微微一笑，拉着他让他跟他走："你过来，我带你看一样东西。"于是，他被老朋友带到庙宇的后院，一直走到一口水井的旁边。老朋友指着那口水井说："这是我花了五年的时间建成的，每天挑完水，做完功课，我都会抽点时间来挖井。虽然有时候是太忙了，但我也会来这儿挖几下，反正就是能挖多少就挖多少。现在，我终于挖出了井水。所以，我就不用每天下山去挑水了。不仅如此，我还有了更多的时间来练习太极拳，以前就一直很想练，但是没有时间，现在好啦，我有更多属于自己的时间了。"

我们每天的上班就好比和尚们的挑水做功课，有的人挑完水以后把水桶往旁边一摆，就开始无所事事地混日子，从来不为自己的将来谋划，也从来不会思考自己的生活需要做出哪些改变。只等着第二天天亮以后，拎起水桶继续下山。日子没完没了，挑水也就没完没了。

而有的人挑完水以后，会抽出时间对自己的工作和生活做一个总结，知道自己该做出什么样的改变。于是在每天下班以后的业余时间，开始给自己挖井，而日子没完没了，挖井也没完没了。所以，有一天他终将会挖到井水，再不用每天下山去挑水。这样一点一滴的改变，才能让自己的日子越过越好，十年以后，也才能让自己有大的变化，有大的进步。

曾经有一道数学题难倒了很多人，几乎全世界的数学家都没有成功将这道题顺利解开。2 的 67 次方减去 1，最终得到的结果究竟是一个质数还是一个合数？因为它的高难度，这道题在全世界都出了名。

虽然从知名度上讲，它的名气远远不如"哥德巴赫猜想"，但是想要破解这个数学题，却一点也不比它简单。很多数学家尝试过很多解题方法，最后都是无果而终。

最后，在一次世界数学年会上，一位来自德国的名叫科尔的数学家给出了答案。无疑，这让所有在场的人都颇为震惊，都想知道他是用了什么方法解开了这道题目。科尔向大家公布了自己的论证过程：将 193、707、721 和 767、838、257、287，这两组数字列成竖式，然后连着相乘两次，结果相同，所以可以证明在这道题目中，2 的 67 次方减去 1 是一个合数，而不是一个质数。

当大家得知，科尔其实并非一个专业的数论研究的数学家，而这一切都只是他的业余爱好，随之而来的欢呼和惊奇更是一浪高过一浪。有记者采访他的时候问了一个这样的问题："请问您为了论证这道题目，总共花了多长的时间？"

科尔回答道："3 年来的全部的星期天。"

如果你用三年的全部星期天专注地去做一件事情，那这件事情终将会成为你的一个长项。好比我们将自己的星期天花在写东西上面，那么一年两年，你会得到很大的进步，三年四年，你可以写出很优美的文字，五年六年，你可以写出一本满意的书。而如果你将所有的星期天都花在玩游戏上，一年两年你会沉迷得更深，三年四年，你的生活只剩下了游戏，五年六年，你已经不知道生活的乐趣是什么。

差距就在这里慢慢拉开，如何选择，完全在于你自己。

【智慧屋】

大的成就都是小地积累

"本来下班时间就已经很晚了，自己还有很多事情要办。等到这些事情都处理完以后，人也已经累得不行了，哪还有时间来做别的？"这个问题大概是我们碰到的最多的，也是最实际的问题。但是，我们没有必要抱着一口吃成个大胖子的心态。一天两天就想看到成效，似乎有点不太可能。我们要看重一点一滴的时间，能抓住多少就抓住多少，这样反反复复的积累，也是一个不容忽视的大数量。而也就是这些时间来帮你组建一个大的成就。

十年以后你想成为什么样的人？

很少有人真正去思考过这个问题，觉得眼前的日子就是过一天算一天。至于未来，那是一件很遥远的事情，所以每天下班以后想干吗就干吗。但有的人不一样，他们会思考十年前的自己和现在的自己，也会思考现在的自己和十年以后的自己。

有了这个目标以后，每天朝着目标挪近一点点，十年以后，很可能目标就已经实现了，或者早已经超越了这个目标。

做个有趣的人，才能面朝大海，春暖花开

现在很流行一句话："有趣是对一个人最高级的评价。"那我们又该如何去定义有趣呢？什么样的人才能算是一个有趣的人呢？我们又该如何让"有趣"变成一种自己的品质呢？

以前在微博上看到过这样一个段子："前几天，我的心情不太好，媳妇儿看到后问我怎么回事。我拉着脸对她说：'我们男人的事情，说了你也不会懂的。'当时，我看着她转身就跑了，我以为她是生气了。结果，这个姑娘跑到卫生间去给自己画了一脸的大胡子，然后跑出来又凑到我跟前说：'嘿，兄弟，你怎么了，给我说一说。'和她对视几秒钟以后，实在忍不住，我和她都笑得在地上打滚。"

这个段子下面的评论大都是：和一个有趣的人在一起，这种感觉真的是太棒了。

所以，一个有趣的人总是乐观向上的，同样的问题，她看到的总是积极的一面。这是一个人是否有趣最基本的标准。当我们整天都在叫嚣"面朝大海，春暖花开"的时候，别忘了，只有你自己变得有趣了，才有可能面朝大海，春暖花开。

以前在一本书中看到过这样一个故事：有一位女士想要号召大家捐款为教堂买一辆公交车，于是，在一个星期天的清晨，这位女士很早就来到教堂，等着前来集会的人们。当大家都到齐了以后，

她走到讲坛前，开始了自己的游说。

但是，她面临着一个很大的困难。因为前不久，大家刚刚为一个建筑项目捐过款，由于间隔时间不是很长，所以这一次能否说动大家再次捐款就成了一个很大的问题。最终，这位女士却用一个很小的说辞将这件事情轻松搞定了。

站在讲坛上的女士给大家传递自己的口令，刚开始的时候，她让在座的所有人向左侧挪动一下位子。说完以后，她就安静地站在一旁看着大家完成这个指令。教堂里的人虽然表现得毫不在意，但最后还是照她说的去做了。等教堂里的人完成了这个指令以后，这位女士又向人们发出了第二个指令：每个人再向右侧移动一个位置。这一次，人们也都按照她的要求照做了。

等着两个指令动作完成以后，女士站在讲坛上向大家宣布说："就在刚刚，你们所有的人已经团结起来为这个教堂除去了百分之八十的尘土了，而这么大的成就，只是依靠我们的臀部就轻松解决了。那么你们认为还有什么事情能将我们难倒吗？"

在场的人听完她的这番宣言，都知道自己刚才中了她的计，所以都大笑了起来。每个人都有臀部，只是不会轻易去提起，更别说是在教堂了。但这位女士却用这种方式将气氛烘托得轻松搞笑，实在也是睿智。这样一来，大家对于捐款的事情也没有了防备之心，都同意一起出钱来买一辆公交车。

这就是有趣的人吧，即便是在"困境"中也能找到无限的生机。

之前有一项调查在网上火了一段时间，调查结果令大家都有点吃惊。就是在四大名著里，你最喜欢的人物是谁？据最终的统计表明，网友选出来的最喜欢的人物分别是：来自《西游记》的猪八戒，来自《三国演义》的张飞，来自《红楼梦》的刘姥姥，和来自《水浒传》

的鲁智深。

为什么说这个结果会让大家吃惊呢？因为这些人物无一例外都不是作者笔下的主角，但在大家评选的过程中，他们却牢牢抓住了大家的心。如果非要说这些人物有什么共同特点的话，那就是有趣。他们虽然没有主角光环，甚至在关键时刻还显得很不靠谱，但是，这些人有一种能力，那就是让人放松的能力。和他们待在一起，你不会觉得累，而更多的是一种轻松和愉快。

就是这些真实的品行让他们看上去很有趣，让人愿意与之相处。

陈芸，曾经被林语堂赞为："中国文学史上最可爱的女人。"她来自沈复的《浮生六记》，很多人看过之后，都会有这样的感叹：这一生如果能得到一个像芸娘这样有趣的知己，那该是有多美好。陈芸的有趣到底在哪儿呢？

首先，芸娘的有趣在于她广泛的兴趣和才艺。当她年纪还小，尚在学说话的时候，听到大人读了一首《琵琶行》，她用了很短的时间就将这首诗背了下来。不仅有惊人的记忆力，还有一手很好的刺绣手艺。父亲去世以后，就是她用自己的刺绣织染手艺支撑了全家的生活开销。而闲暇之时，她会看书写字，还尝试着自己写诗，总会让人感到惊喜。

和很多结婚以后便回归家庭的女子不一样，芸娘一边守着自己的柴米油盐，一边也没有放下自己的闲情雅致。她时时都能将生活过得富有诗意，她会制作莲花茶，而对莲花茶的细节也有着很高的要求。书里面是这样描写的："夏月荷花初开时，晚含而晓放。芸用小纱囊撮条叶少许，置花心。明早取出，烹天泉水泡之，香韵尤绝。"

小小的一壶茶，也被芸娘烹制得妙趣横生。这样的女子，生活不富有诗情画意才是最奇怪。

书中记叙，芸娘爱吃臭豆腐，但是沈复对那股臭味儿却难以忍受。有一天，他用戏谑的语言对芸娘说："你知道吗？狗爱吃粪，是因为它们闻不到屎的臭味，而屎壳郎吃粪又是因为它们想要化作蝉然后高飞。那你又是因为什么呢？"

芸娘一点都没有恼怒，反而很淡定地回答道："臭豆腐价格便宜，而且很好下饭。我小的时候就开始吃了，所以早就已经习惯了。现在结婚来到你家，可以说是屎壳郎化成了蝉。但是我现在还依然爱吃臭豆腐，那就是说明我不忘本啊。"

一句话，差点没把沈复笑得噎住。随即又对芸娘说："照你这样说，我们家岂不是成了狗窝了？"

芸娘有点哭笑不得地回答道："臭豆腐闻着的时候是挺臭的，但是只要你吃进嘴里面，它就会变得很香。不是有一句古话说：'貌丑德行美'吗？"说着，她便夹起一块臭豆腐往沈复的嘴巴里塞。沈复无可奈何，捏着自己的鼻子勉强嚼上几口，慢慢地，竟然也品尝出了其中的美味。后来越吃越想吃，自己也喜欢上了臭豆腐。

这样的例子在他们的生活中数不胜数，沈复很感谢芸娘将自己无味的生活调剂得滋味十足。只要有芸娘在，他的生活就多了很多乐趣。

有趣的人不仅自己活得有滋有味，还能感染到别人，将别人的生活也变得丰富美好起来。

【智慧屋】

多培养自己的兴趣爱好

兴趣爱好越多，接触到的知识面越广。而知道得越多，自然也就越能为生活创造更多的可能性。有时候，我们评价一个人是否有趣，就是看他是否与众不同，是否有自己独到的一面。好看的皮囊千篇一律，而有趣的灵魂才万里挑一。所以，我们去广泛地吸取知识，不是为了让自己变成人群中的你我他，而是要让你成为你。

有自信，也懂自嘲

有趣的人绝不是一个自卑的人，相反，大多被人们称为有趣的人都是自信之人，甚至是有点自恋之人。比如猪八戒，他每次碰到好看的女子都想要上去搭讪几句，从来不会因为自己的容貌而畏缩不前。他还会拿自己的相貌自嘲一番。

在女儿国的时候，为了能招上亲，他说了一句："粗柳簸箕细柳斗，世上谁嫌男人丑。"对于自己的外表，不仅自己从来不嫌弃，在他看来，别人也不应该嫌弃。这就是有自信又懂自嘲的典范。

PART 6

变阻力为助力
最有效的自控是尽力而为

  在复杂的社会生活中，我们每个人都有很多个角色和身份，每一段关系都需要我们用心去维护。因此，做好角色转换是维护一段关系必不可少的环节。除了工作，我们还有生活，除了同事，我们还有家人。两方面，我们都需要尽力而为，将种种阻力变成助力。

感情的温度，都在沟通里慢慢升华

不管是在生活还是工作中，我们免不了与人发生冲突和矛盾。有时候大吵一架之后，问题不仅没有得到良好的解决，反而将两个人的关系闹僵。工作上的对峙也上升到人身方面的攻击。或者生活中的分歧上升到人品方面的怀疑。在二十一世纪，什么才是解决问题的最好方式？不是武力或者暴力，也不是翻脸和冷战，而是沟通。

列夫·托尔斯泰曾经说过："与人交谈一次，往往比闭门劳作更能启发心智。思想必定是在与人交往中产生，而在孤独中进行加工和表达。"假设在一件事情当中，两个人出现了不一样的意见。你是对的，那就要用一个温和的技巧让对方来同意你的观点。而如果你错了，你就要迅速而热诚地承认这个错误。这一切要比为自己争辩有效和有趣很多。

以前有一个寓言故事，讲的是狮子和老虎之间的激烈冲突。它们互不相让，都想把对方打倒。最后却是两败俱伤，等到狮子还剩下最后一口气的时候，它对老虎说："假如不是因为你一定要抢占我的地盘，我也不会对你大打出手，咱们也不会变成现在这个样子。"

而老虎则十分震惊，它说道："谁说我要抢占你的地盘，我从头到尾也没有这样想过。是你一直要侵略我，我才不得已防御的。"

缺乏沟通的结果就是这样，每个人都在按照自己理解的事实真相来支配自己的拳头，却不愿意双方坐下来好好地沟通。

有一项调查研究表明，在很多离婚的家庭中，有将近六成的原因都是夫妻双方没办法沟通，或者是无沟通，导致感情变淡，婚姻无法维持。只有好好沟通，才能好好生活。

有一对夫妇住在一个偏僻的乡村，女人嫁过来的时候只有十七八岁。自从成了家以后，两口子都是相敬如宾，过着平淡的生活。女人一直都在拿中国妇女的传统美德要求自己，在家里一心一意地服侍丈夫。

在她们家里，烧饭的时候用的是那种烧柴禾的土灶，用这种土灶烧出来的米饭总是会沿着锅边起一层饭焦。而中间部分的饭都是很绵的软饭。自从嫁过来以后，女人每次做完饭都会给丈夫盛中间的软饭，而那个硬邦邦的饭焦则会留给自己。

这么多年以来，女人一直都保持着这个习惯。时间过去了一天又一天，一年又一年。她们的孩子都已经长大成人，离开了家乡去很远的城市打工。当初年轻的她们也已经变得白发苍苍。

有一次，女人做好饭以后，又拿起碗准备给丈夫盛饭锅里的软饭。但是，她突然又改变了主意："这么多年以来我都是给他盛的最软的饭，而我吃了这么多年的硬邦邦的饭焦。结婚这么久，我还从来没有吃过中间那最软的饭。凭什么呢，我今天一定要吃这个软饭，让他也尝尝饭焦的滋味。"

于是，女人给自己盛了中间最软的饭，而将饭焦递给了男人。男人接过饭焦，盯着看了很久。女人以为男人不愿意吃，很生气地说道："几十年了，一直都是你在吃最好吃的饭，而我就吃这个硬邦邦的饭焦。你从来也不知道感谢，今天我就要让你尝尝这个饭焦的滋味。"

但是，让女人没有想到的是，男人听完她说的话以后突然流出了眼泪。他说：

"你真是有所不知，像我们这些平常下地干活的人，就喜欢吃上一口这个饭焦。自从和你结婚以后，每次的饭焦你都是自己吃，从来没有给我吃过。所以，我还以为你很喜欢吃饭焦呢。虽然我也很想吃，但是这么多年我都是一直忍着没有告诉你。

"今天终于等来了你为我盛一碗饭焦，我这是高兴啊。"

生活中的一件小事，却反映了一个很大的问题。我们有多少人也和这对夫妻一样，过着一种毫无沟通的生活？每天和我们生活在一起的人并不是眼前的这个人，而是存在于我们的想象中、我们以为的人。就像是女人以为男人喜欢吃中间的软饭，而男人又以为女人喜欢吃锅边的饭焦一样。

没有交流，就发现不了真实的对方。

很多时候，我们的障碍并不在于问题本身，而在于沟通达到的效果。两个人能长久地和谐相处，必定是存在一个良好沟通的。而只有通过一个良好的沟通，感情才能得到彻底的升华。

【智慧屋】

在你开口之前，先去听听别人的心声

每个人在表达自我的时候，都有很强烈的意愿，所以我们有时候会忽略他人的表达，而将注意力完全放在自己想要说的那件事情上。所谓沟通，就是一个双方交谈的过程，是一个有来有回的过程。所以，我们想要解决问题，就要先找出各自心中所疑问的点。如果你只顾着表达自己，而不去倾听他人的言论，只会让问题成为更大的问题。

少一些猜测，多一些询问

有一个理论认定，我们在与对方的相处过程中，实际上是在和六个人相处：真实的自己和真实的对方，我以为的自己和我以为的对方，对方以为的我和对方以为的自己。听起来是一个很复杂的网络，但是，如果我们不去猜疑对方，其中的关系网就会简单很多。相处之间的误会和矛盾会减少很多，如果我们不了解对方，与其放在心里自己琢磨，不如问出来痛快。

多关注问题而不是情绪

当我们的情绪被问题引爆，我们的注意力很容易就会转移。我们关注的更多的是自己糟糕的情绪而不是问题本身，想要化解矛盾就变得更加困难了。所以，在沟通的过程中，我们应该时刻提醒自己，沟通是为了解决问题，而不是为了引爆情绪，这样才能做到有效沟通。

多重身份的你能做好角色转换吗？

　　每个人都有着很多身份，在家的时候我们是子女，是父母，是妻子或者丈夫。在公司的时候，我们是同事，是领导，是下属。在外的时候，我们是朋友，是同学，是陌生人。对于这个有着多重身份的自己，我们又能否做好角色转换呢？

　　有人说，我们根本就不需要角色转换啊，我就是我，走到哪里都是我。但是，这里的每一个角色都有每一个角色应尽的责任和义务，同时也享有不一样的权利。

　　作为父母，我们应该对子女尽责。而作为子女，我们应该对父母尽孝。同样，作为领导，我们应该为下属谋求福利。而作为下属，我们应该全力支持领导工作。这就是要求我们做好自己的角色转换，在什么位置就做什么事情。

　　我们的角色依据场合的变化而变化，也可以依据时间的变化而变化。如果我们将不同的场合，不同的时间都混淆，比如，将自己工作的角色带到家庭中，或者将自己家庭的角色带到工作中，那样只会让自己处在不停的冲突之中。导致的结果就是，工作生活两耽误。

　　小美一直以来性格都非常温柔，但是每次聚会的时候提到自己的老公，她都非常气愤。她说，对老公身上的诸多缺点自己也能忍

147

受，在一起生活了这么久，还没有因为容忍不了对方身上的某些缺点而吵过架。但是就有一点，她觉得相当苦恼。老公的工作职责就是机械设计，每天下班回到家以后，都会拉着小美讲自己工作上的事情。

吃饭的时候，他跟小美讲机械设计原理。散步的时候，他跟小美讲机械图纸的绘制技巧。临睡觉前，还在跟小美讲在机械生产过程中图纸的重要性。好像在一起所有的时间，百分之九十以上，他都是张口闭口机械机械的。可是小美对这些内容一点都不感兴趣，下班回来以后，她只想回归家庭生活。讨论一下今晚的菜单，或者一起看个电视剧。这些简单的事情，现在却成了一种奢侈。

有一天，小美实在是忍受不了了，她朝着正在喋喋不休讲述机械原理的丈夫大声地吼道："你到底有完没完，我根本不愿意听你讲那些机械设计，图纸绘制，我听得都要烦死了，你可不可以不要说这个了，难道除了这个，你就没有别的东西可以讲了吗？"

丈夫却满脸疑惑，他轻轻地问道："你今天是怎么了，我以前跟你讲这些东西的时候，你不是挺爱听的吗？怎么今天发这么大的脾气？"

这样的家庭矛盾在我们的生活中并不少见，两个人下班回到家，丈夫还在工作状态，所以还把自己的身份定义为公司里的员工。这样就会把妻子当作自己身边的同事，只会在一起交流工作中的细节。因为忽略了自己在家庭中"丈夫"这个身份，所以也顾及不到妻子的真实感受。而妻子呢，回到家就已经进入妻子的角色，这个时候希望自己身边的男人是丈夫，而不是同事。如果角色转换不及时，那家庭冲突就不可避免。

我们需要分清楚工作场合和生活场合，不要让自己的角色出现重叠。有的人觉得自己在单位的身份十分风光，所以即便是回到家以后还对自己的工作角色念念不忘，把妻子，或者丈夫当成自己的下属来传达命令。这必然导致一种畸形的家庭氛围产生，是没有可取之处的。

【智慧屋】

有疑问就换位思考

很多人觉得自己在工作和家庭的角色中转换得比较好，但就是把握不好度。比如回到家以后，两个人谈谈各自的工作也是一种交流，但是不知道该谈到哪里是好。如果你遇到这种问题，最好的方式就是换位思考，把自己换成是对方，然后再来想象一下，如果现在是对方在跟我讲述他的工作，说了这么多，我一点兴趣都没有，感觉越听越烦，不太想要继续听下去了。这个时候，我们就会明白，那个度到底在哪里。

根据场合来区分自己的角色

把角色弄混淆的原因很可能就是大家忘了注意自己身处的场合，明明是在家，却没有意识到，以为自己还在单位。也有一些，明明在单位，还以为自己是在家。这个时候，我们为了快速而又精准地定义自己此时此刻的角色，就要马上找出自己身处的场合。在家就是家庭角色，在单位就是工作角色。这种定义方法是最有效最快捷的，让你时刻提醒自己，在不同的场合之下，用不同的身份去做不同的事情，以搭建工作和家庭的和谐模式。

家人的支持，才是你永远寻求的港湾

玛丽亚·斯克沃多夫斯卡·居里说："一家人能够相互密切合作，才是世界上唯一的真正幸福。"所以，个人的成长和成功与家人的鼓励和支持是分不开的。在你遭遇困境，进入人生低谷的时候，能陪你从不幸之中走出来的也只有背后默默支持你的家人。

当你取得一定成就，做出一点事业之后，身边很多人都会关心你飞得高不高，飞得远不远，而只有家人会关心你飞得累不累。得意的时候，家人是我们生活的后盾，失意的时候，家人是我们逆战的前锋。

在一次颁奖典礼上，李安摘得最佳导演奖。他上台致辞的时候，分别用了三种语言对很多人表示了感谢。特别是对自己的妻子，他说了好多次感谢。他说："感谢一直以来你对我的支持，我爱你。"这句话一说完，李安的妻子就在台下害羞地笑了。

大家都看见了李安的成功，直到听说了这份成功背后的故事，才知道他那位堪称军师的妻子给了他多大的支持。如果没有他的妻子，世界上可能也就没有了一个叫李安的优秀导演。

李安和自己的妻子林惠嘉是在美国留学期间认识的，他们在一次聚会上一见钟情，之后便走到了一起。相恋五年以后，他们登记结婚。他们的婚姻收到了来自双方父母和亲朋好友的支持与祝福。

当时结婚的时候，李安寂寂无闻。婆婆拉着媳妇的手惭愧地说道："我们家感到很对不住你，没有给你一个像样的婚礼，还让你们结婚结得这么寒碜。"

但林惠嘉则说："这些表面的东西没必要太在意，只要我们两个人感情好就比什么都强。"

结婚以后，李安每天在家里读书看片写剧本。家里大大小小的家务事情都是他承包：买菜、做饭，收拾房子等。除此之外，还有一项重大的任务就是带孩子，每天最开心的事情就是和孩子一起等妻子回家，他把妻子称为"英勇的猎人"，而妻子挣的钱则被称为"猎物"。这样的生活让林惠嘉感到满意，也觉得温馨。

在林惠嘉的家人眼中，她们结婚以后的日子根本算不上正常的家庭生活。为什么李安不出去找一份工作来挣钱养家，还要在家里无所事事，坚持自己所谓的兴趣爱好。那么多留学生都学了这个专业，可是最后为了生活，有几个最后还是干着这个事业？不都放弃自己的兴趣爱好而另谋他就了吗？

在这种压力之下，李安心里也觉得很过意不去。他想要减轻妻子的负担，于是开始自己学电脑，以便出去找一份工作来养家糊口。但是，这一举动被林惠嘉发现了，她很生气地批评了李安："那么多人都在学电脑，你觉得其中就差你李安一个人吗？"她坚决反对李安为了随便找一份工作而放弃自己的梦想，所以李安也只好不再提工作这件事情。

林惠嘉说："我们结婚了，成了一对夫妻。我为你做这些事情都是自己心甘情愿的。而且我相信你总有一天会成功，会成为一个知名大导演。"

得到妻子的支持和鼓励以后，李安把自己全部的心思都放在了创作之中。就这样，林惠嘉养了李安整整六年的时间。而六年以后，李安导演的作品也逐渐进入观众的视野。当时由他导演的《推手》一经上映便获得了很好的口碑，也摘得很多奖项，让他彻底火了起来。而且，在国际影坛之上，也有了他的一席之地。每次他获奖以后，都要把自己的奖杯递给妻子，并对她说上一句："这是属于你的奖杯，谢谢你。"

李安火了以后，每天都被掌声和鲜花包围着，头上也多了很多光环和荣誉。但是，妻子林惠嘉对这些荣誉表现得却并没有那么狂热，她把家里的各种奖杯都收了起来。

而至此，李安心里也明白，妻子这样做是有道理的。换作是别人，自己的丈夫获得了这么多奖，恨不能天天拿出来显摆，要把奖杯摆在家里最显眼的位置。但是妻子一点都没有要炫耀的意思，而是低调地将这些荣誉收起来，这就是一种睿智，也是给自己最大的一种鼓励和帮助。

所以，李安在心里暗下决心，他说，自己一定要拿到更高级的奖，捧一个奥斯卡小金人回来。

李安拍摄《理智与情感》的时候，林惠嘉抽出时间将原著很认真地通读了一遍。在拍摄过程中，也给了李安很多女性角度的建议。晚上收工回家以后，李安和妻子经常会就这部影片讨论很久。在这种不断的讨论之中，李安受到了很好的启发。这虽然是他拍摄的第一部英语影片，但是最终也获得了诸多奖项。

后来拍摄《卧虎藏龙》的时候，由于是第一次接触到武侠片，李安心里没底。但是林惠嘉则在旁边说："谁都会有第一次，你如果不去尝试一下就认定自己不行的话，那就太遗憾了。我相信你一定可以做得很好。"说完，她又找来很多国内国外的武侠片，陪着李安一起看。他们一边观看影片，一边还将自己的感受记录下来，有什么新鲜的想法，也会在第一时间进行交流。

等李安投入拍摄中去的时候，林惠嘉将家里所有的事情都承包过去，以保证不让李安分心。她每天都会给李安打电话，叮嘱他注意身体。如果李安遇到了什么不开心的事情，她都会在电话里耐心地听他讲完，然后一一帮他化解。

《卧虎藏龙》同样大获成功，李安站在颁奖台上，十分激动地说："我必须要感谢我的太太，如果没有她，我今天就不会站在这里。"

后来，李安的事业遭受挫折，导致他对生活丧失了信心。妻子找来大量肯定李安的评论文章，将它们收集起来给李安看。然后陪他去旅游散心，一起买菜做饭。在这种持续性的鼓励之下，李安也很快走出了自己的低迷状态。

最后，我们都知道，李安执导的《少年派的奇幻漂流》获得了奥斯卡最佳导演，最佳视觉效果等四个奖项。

就像李安在颁奖典礼上多次强调的那样，没有自己的妻子，就没有今天的李安。家人的支持对于我们来说就是一股最大的动力，不管是在低谷还是在高峰，都不用担心会缺少他们的陪伴与鼓励。而自己需要做的，就是全身心地去投入，直到变成那个优秀的自己。

【智慧屋】

少泼冷水多鼓励

每个人对于自己喜欢的事情，都想要竭尽全力地去做好。但如果还没开始就遭受到了阻力，特别是来自家人的反对，那原本火热的心就会瞬间变得冰冷。所以，我们不妨多一些包容和理解，给家人多一些支持和鼓励。当我们看到一种进步和结果之后，就会开始重新审视自己的行为。而那些小小的鼓励，对于他来说，也许就是一次大大的机会。从一开始就对别人的想法泼冷水，固然是不可取的。

陪伴是最长情的告白

有时候家人需要的不是什么人生大建议，也不是什么逆耳忠言，而是一种简单的陪伴。听他说说话，彼此聊一聊心事，花时间在一起做一些生活化的事情。这些看似很小的举动，却能给人带来莫大的帮助。这就是一种心灵力量的支撑，让人感觉到，不管怎样，还有家，这个最温暖的港湾，还有家人，这些最坚实的后盾。所以，这些微不足道的小事最能振奋人心，让人走出挫折的阴影。重新出发，去创造自己美好的明天。

被老婆孩子瓜分的星期天

你一般都会怎么安排自己的周末时间呢？是继续加班工作和往常一样按时上下班，还是陪客户应酬，喝酒唱歌直到半夜才回家呢？度过周末的方式有很多种，但身边的家人只有一种，他们都需要你去陪伴。每周七天的时间，你至少已经花了五六天的时间在工作上了，剩下的最后一天，何不快乐地、心甘情愿地被家人爱人去瓜分呢？

现代的快节奏生活已经让陪伴变成了一种奢侈，大家想的更多的就是如何完成更多的工作，如何能够挣到更多的钱。而家人，则常常被我们忽略在一边，自己都已经记不清楚上次一起出去玩是什么时候了，也记不清楚上次一起约会看电影是什么时候了。为了能让孩子感受到一个和谐的家庭氛围，还是抽点时间陪陪孩子吧。

有一个男人每天下班以后都很晚才能回家，回到家以后已经很疲惫了，而这种疲惫带来的第一感受就是烦躁。有一天，他和往常一样，晚上很晚才回家。到家开门以后，发现自己的儿子坐在地上等着他。儿子才五岁，见到他回来很高兴地跑上去抱住爸爸。

儿子看着他，一脸认真地说："爸爸，我能不能问你一个问题，你每天这么忙碌地工作，一天大概能挣多少钱呢？"

男人觉得儿子的这个问题有点莫名其妙，本来就已经很疲惫的他还要被自己的儿子质问一天能挣多少钱，所以心中不由得升起了一股怒火，他把儿子教训了一顿，然后大声地对儿子说："这不是你该关心的问题，以后不要再问我这种愚蠢的问题了。"

儿子在一旁，一脸委屈地低下头，他还在低声地说着："我没有别的意思，只不过是想知道爸爸一天赚多少钱而已。"

他见儿子马上就要哭出来了，也不忍心再去训斥他。只是告诉他说："一天三四百块钱吧。"

儿子接着对他说道："爸爸，你现在能不能借给我五十块钱？"

男人在心里想道，这个小家伙，兜这么大的圈子，原来是想找我要钱。于是，他又发怒了，大声地对儿子吼道："如果你现在只是为了找我借五十块钱去买那些幼稚的玩具的话，我是不会答应你的。你现在立刻马上给我回你自己的房间去休息。好好想想自己刚才的行为，是不是有点太自私了？我辛辛苦苦地在外面挣钱，一回来你就找我要五十块钱，你觉得这种行为光彩吗？我没日没夜地上班，不是为了让你玩那些小孩子把戏的。"

儿子没有说话，低着头跑回了自己的房间。男人则在客厅的沙发上坐下了。当他安静下来以后，反思自己的行为，觉得自己刚才对儿子有点太苛刻了。儿子半夜在门口等他，说不定真的是要钱去买什么需要的东西呢。因为，在平时的生活中，儿子几乎没有主动找他要过钱。

想到这里，他轻轻地走进儿子的房间，跟儿子道歉说："刚才我不应该对你发那么大的脾气，你要的五十块钱我现在给你吧。早点休息。"

儿子拿着那五十块钱非常高兴，他向爸爸道谢完以后，就从床头拿出了自己的存钱罐。儿子捧着那只存钱罐往地上一摔，看见这一幕，男人差点忍不住又准备发火了，但还是克制住了。

这个时候，儿子蹲在地上，在那堆碎片之中捡起了几张皱皱的钞票，然后又拾起一些硬币。整理好这些钱以后，他把所有的钱都递给了爸爸，然后对他说："现在我手上的这些钱一共是四百块，请问可以买到爸爸一天的时间吗？明天爸爸就不用去上班了，就在家里陪我玩会儿游戏，然后再陪我吃个饭。这样，我们就可以一天都待在一起了。"

每个孩子的内心都渴望大人的陪伴，平时工作应酬多，大部分时间都用在了陪客户喝酒的事情之上，完全忽略家里还有人在等着自己。现在流行一种说法："最好的教育是陪伴。"

而现在陪伴的方式也是多种多样，比如亲子阅读。周末的时候，可以和孩子一起选一些他喜欢的书，然后将书上的内容朗读给孩子听。在这个朗读的过程中，还可以适当地问一些问题，目的就是让孩子参与进来，并养成一种思考的好习惯。孩子回答正确以后，要给予表扬，这样能增强孩子的自信心。

还有的父母会选择带孩子去看一部儿童电影，在大人的全程陪同下，孩子的安全感十足。电影对他的意义也变得丰富起来，这种陪伴将成为一种深刻的记忆，很多年以后依然会留存在孩子的脑海。

明宇毕业后结了婚，结婚第二年有了自己的孩子。而那一年也是自己工作最忙的一年，因为他创办了一家自己的小公司，由于公司处在建立初期，很多事情都需要他亲自去办理。所以，每个星期他能留在家里的时间并不多。孩子出生好几个月了，他抱孩子的次数一只手都能数得清。

对此，他心里也觉得惭愧不已。有一天，很晚才回家的明宇看见自己的老婆在卫生间里洗衣服。那么一大盆衣服，都是老婆一件一件地用手搓干净的。自己平时工作忙，竟然没有注意到这些事情。

他走过去问老婆："这么晚了，怎么还在洗衣服，赶紧去休息吧。"

"白天要陪孩子，一点时间也没有。好不容易现在孩子睡觉了才能抽出一点时间。现在不洗，明天又洗不了了。"老婆头也没抬地回答道。

明宇这才意识到自己平时陪他们的时间太少了，好多情况自己都不了解。于是他下定决心，一个星期，无论如何都要抽出一天的时间来陪陪妻子和孩子。

接下来，每到周末，他都会去菜市场买一些菜回来，亲自下厨，为妻子做一顿可口的饭菜。然后在家里照顾孩子，学习了很多和孩子逗乐的新招式。

一段时间以后，他发现自己已经爱上了这种生活方式。而妻子和孩子看上去也很满意现在的这种状态。生活稳定，关系和谐以后，自己的工作也变得顺利起来。

这些结果都是以前未曾预料到的，原来，这种陪伴式的瓜分其实是非常幸福的。

【智慧屋】

孩子发现世界的方式就是"玩"

孩子从出生到上学这个阶段，因为没有学校生活的束缚，所以一天当中最大的任务就是玩儿。但由于这段时期没有老师的引导，所以家长这个角色就显得尤其重要了。我们不仅要陪孩子玩，更要引导他们如何去玩。也就是说，我们要有一种高质量的玩，家长此刻充当的就是一个老师的角色。孩子会模仿你的一言一行，我们规范孩子最好的方式就是先纠正自己行为的不当之处，然后才是陪伴和玩耍。

孩子也有需要我们尊重的意愿

很多人把小孩看作是一种没有思想的生物，但其实再小的孩子都会有自己的意愿。我们在陪伴孩子的过程中，有一些选择尽量让孩子自己去决定。比如今天穿哪件衣服，要配什么鞋子，想吃什么东西等。我们需要把孩子当成一个小大人来和我们进行平等的对话。这样的亲子互动时光才是孩子最盼望的，不要认为孩子的选择不好，适当地尊重他们选择的权力，有利于家长和孩子之间感情的交流。同时，通过这样的方式去陪伴孩子，也会让他们有所成长，慢慢建立一种独立的品质。如果我们蛮横地替孩子做了所有的决定，很多事情并不是他们乐于接受的，再去强加给他们，只会让他们抵制和反感，形成一种逆反心理，对你说的话产生一种条件反射式的对抗。

想要工作做得好，家庭和谐不能少

中国有一句古话叫："家和万事兴。"家庭的和睦是其他事业稳定发展的基础，一个家庭就好比一个国家，只有内部人民团结一致，和谐相处，才能换得国家的繁荣昌盛，国力强盛。有人在家里和家人三天一大吵，两天一小吵，不仅让自己每天的心情都处在郁闷烦躁的状态，更是无心工作，对手上的事情只能马虎应付。

这样一来，如何能将工作做好呢？

在一个家庭关系中，我们有夫妻关系，父子关系和母子关系等。在这个关系网络之中，一般都是牵一发而动全身，也就是说，如果我们没有处理好其中的某一段关系，其他关系会受到影响。比如，在一个家庭中，夫妻关系就直接影响着父子关系，或者母子关系。经常吵架的父母，也会让孩子渐渐地不太想靠近自己的父母，这是一种必然的趋势。

而那些家庭和谐的人，他们的相处模式又是怎样的呢？

有一户很爱吵架的人家，他们总是会因为一点点小事就闹得不可开交。家里的氛围大部分时候都很凝重，每个人回家以后都开心不起来。而这户人家的邻居是一户非常和谐的家庭，几乎没怎么听到过他们家人之间大声的嚷嚷和指责，每个人回到家也都是开开心心的样子。

于是，爱吵架的这户人家很想弄清楚，自己家如何才能做到像邻居家那样和和睦睦，相亲相爱。所以，有一位长者就去邻居家请教经验。

"请问你们家里这么多人，是如何做到和睦相处从不吵架的呢？我们想要改变现状又该从何下手呢？"长者焦急地问道。

"其实啊，您不知道，我们家之所以从不吵架，就是因为我们家的坏人比较多，吵不起来啊。"邻居回答道。

听到这个答案，长者很生气，他觉得邻居这是在戏弄他，并没有好好回答他的问题。如果真像他所说的坏人多的话，那不应该是经常吵架才对吗？所以，对于这个回答，长者也并没有太当回事儿。

有一次，这位长者无意间听到了邻居家的一次对话。他们因为家里的某件事情出现了失误而在一起讨论。长者听到的对话如下：

"都是我的错，我应该再努努力，事情就不会变成现在这个样子了。"

"我也有责任，如果我能做得更好一点的话，结果也不会变成这样。"

"还是我的责任最大，我事先计划得不是太周密，所以才导致这种错误的出现。"

他们家里所有的人都在检讨自己的错误，都在把责任往自己身上揽，都说事情出现失误的原因是自己不够尽力。没有人去指责对方，也没有人推卸责任，更没有人为自己辩解。正是因为大家都没有做好，所以大家都是坏人，正因为大家都是坏人，所以大家都有责任。

听到这里，长者终于明白了邻居的话。其实，别人并没有戏弄他，只是当时自己没有想明白而已。而此情此景，也终于让他彻底醒悟，自己家和邻居家的差别究竟在哪里。

每当家里因为某些事情起了摩擦，家里人做的第一件事情就是相互推脱，你说是我的错，我说是你的错。所以，每个人为了让自己洗清责任，都是情绪激昂地为自己辩解。从来没有人主动站出来说："这是我的错。"指责来指责去，每个人的情绪都变得非常糟糕。而吵到最后，也没有一个良好的收场，等到下一次有矛盾的时候还是吵架，然后再翻出上次的旧账，又开始新一轮的相互指责和推脱。在这种模式之下，家庭怎么能和谐？

在平时的生活中，家人是我们最亲近的人。我们对他们却总是最容易丧失耐心和包容之心，一不小心就会将自己的坏脾气留给他们。其实，家人之间的相处最需要的就是包容之心。因为，这种关系是我们社会关系里最长久的关系，相处时间长，相处空间相对一致，所以更容易有矛盾和摩擦。但是我们如果能选择一种正确的方式去应对这种矛盾和摩擦，就会将其轻易化解，并维护家庭和谐。而这种正确的应对方式就是包容和理解，就是责任和担当。

罗素曾经在自己的书中写道："如果想让孩子长成一个快乐、大度、无畏的人，那这个孩子就需要从周围的环境中得到温暖，而这种温暖只能来自父母的爱情。"

单位里有一对出了名的恩爱夫妻，在别人眼里，他们给予对方的总是尊重与爱护，从来不会因为什么事情而争执得脸红脖子粗。这对夫妻有一个女儿名叫曼曼，长得甜美可爱，十分爱笑。由于爸爸妈妈两个人的关系非常好，所以从小到大，曼曼都是在这种相亲相爱的环境里成长。

曼曼看上去很有活力，对待身边的人也非常热情，大家都愿意和她在一起玩耍。平时在生活中，她表现得极为自信，小小年纪就有自己独立的一面。知道自己喜欢什么，也知道自己想要什么，目标感很强。

曼曼有一个同学叫小铭，她和曼曼一样，来自一个普通家庭。但是从她们的外在性格上来看，她们却有很大的不同。小铭平常在学校喜欢自己独来独往，不爱和人一起玩游戏。她总是躲在角落里不爱说话，有时候被老师稍微批评几句，她便情绪崩溃到大声哭泣。如果有同学不小心冒犯了她，即使是跟她真诚地道过歉，她也还是要大发一顿脾气。然而另一方面又表现得胆小自卑，从不举手发言，也从不当众表演。

最后，老师通过一次家访才对导致小铭这种极端性格的原因有所了解。那天，老师和小铭的家长约好了时间去家访，由于路程计算有误，老师提前半小时就到了。下了车，刚到她们家小区楼下，老师就听到有人在吵架。而除了吵架的声音，还伴着一阵尖锐的孩子的哭声。

老师一听便听出来了，这个尖锐的哭声正是来自小铭。经过一番询问，老师才从左邻右舍了解到一些情况，原来小铭的爸爸妈妈基本上隔几天就会这样大吵一次。两个人的脾气都很大，家里的东西都不知道摔烂了多少。而每次吵架，小铭就在旁边这样大声地哭，但是并没有人理会她。等爸爸妈妈吵完架，看到还在哭泣的小铭，反过来又把她训斥一顿，然后就是好几天的冷战。爸爸不跟妈妈说话，妈妈也不跟爸爸说话。当然，爸爸妈妈也不跟小铭说话。这么多年了，两个人的工作也没有丝毫进展，似乎全部的精力都耗在跟对方吵架这件事情上了。

父母就是孩子的一面镜子，我们表现给他们的样子，就是他们将来长大以后的样子。所以，我们希望孩子长大以后成为什么样的人，首先就要改变自己，让自己成为优秀的人，才能反过来成为孩子的人生向导。父母给孩子最好的礼物就是相爱，如果爸爸妈妈之间的感情很牢固，平时的生活又充满了爱意，就会让孩子感受到更多的安全感，这样也才能带来一个和谐稳固的家庭。有了和谐稳固的家庭，其他事情的发展也就不在话下。

【智慧屋】

把最好的脾气留给家人

我们最容易犯的一个错误就是把自己最多的耐心和最宽的包容都给了身边的陌生人，而将最坏的脾气和最少的耐心留给最亲近的人。在家人面前，我们总是有话不能好好说，有错误不肯好好承认。总是在相互埋怨，相互诋毁，让家人变成了一种敌对势力，不管怎样就是要对着干，似乎这成了一种很大的乐趣。我们真应该尝试一下把最好的脾气留给家人，或许你尝试一次之后，就会爱上这种感觉。

人生除了生死，都是小事

经历过生活的诸多变故以后，突然想到了"人生除了生死，都是小事"这句话，一下子也就觉得释然。以前总有一些事情放不下。对于那些想得到却没能得到的东西总有一些耿耿于怀，心有不甘。但是这些不能释怀的情绪，最终折磨的还是自己。所以，人要拿得起放得下，也要敢追求会释怀。因为人生除了生死，都是小事。凡事尽力而为，不过于执着事情的结果，才能让自己活得舒坦。

说到底，人就是活在一种心态之中。而生活的好与坏，全在于我们如何去看待。如果我们能摆正心态，用一种轻松的方式去看待生活而不是患得患失，过分看重某些结果和意义，反而能得到更好的结果。基于这种观点，心理学上有一个对应的词叫"瓦伦达效应"。

瓦伦达是一位很著名的表演者，他的长项就是高空钢丝行走。但是很不幸的是，在一次重要表演中，他从高空摔了下来，当即死亡。事后，瓦伦达的妻子表示：

"我早就有预感这一次肯定会出什么事儿，因为，他在准备这次表演的时候，总是反复地在跟自己强调，这次表演实在是太重要了，所以绝对不能出错，绝对不能失败。但是在他以前那么多次成功的表演当中，他都只是想着走钢丝这件事情本身，而没有过多在意这件事情会带来什么影响和意义。"

可想而知，最终导致瓦伦达摔下钢丝的，不是他的技术不到位，而是他的心态不到位。过分地追求事情的结果，而忽略了事情本身，这就是一切危险的开始。

在一个家庭里有兄弟两人，可是他们的职业却存在很大的悬殊。哥哥是高级的会计师，而弟弟则成了监狱里的一名囚犯。

有人为了弄清楚其中的原因，分别在不同的两天时间对哥哥和弟弟进行了采访。当记者向哥哥问道："请问你能成为这么顶级的会计师的秘诀在哪里？"

哥哥毫不隐瞒地说："小时候我出生在一个很贫穷的家庭里，而且我在一个贫民区长大。家里经常吃不起饭，爸爸不仅爱赌博，还很喜欢喝酒，整天都在外面混日子。而我的妈妈有精神病，照顾不了我们的生活。这样的家庭环境，你觉得我还不努力能行吗？"

第二天，记者又去监狱采访弟弟，他向弟弟问道："是什么原因导致你的失足，让你住进了监狱呢？"

弟弟回答道："小时候我出生在一个很贫穷的家庭里，而且我在一个贫民区长大。家里经常吃不起饭，爸爸不仅爱赌博，还很喜欢喝酒，整天都在外面混日子。而我的妈妈有精神病，照顾不了我们的生活。这样的家庭环境，又没有人管我，为了吃饱穿暖，只好去偷偷抢抢，不然你认为我还有什么别的办法？"

同样的家庭环境，却有着截然不同的命运。他们的差别在哪里呢？哥哥将自己成功的原因归功于恶劣的家庭条件，而弟弟将自己失足的原因也归功于恶劣的家庭条件。这就是两个人对待事情的看法不同，也就是活着的心态不同。一个人认为，既然现在的条件已经这么困难，那么我就需要做一些改变来让自己的生活条件得到改善。另一个人认为，现在的生活条件已经这么困难，那就算我再怎么努力也是无济于事的，所以只能破罐子破摔。

拿破仑·希尔对于心态问题曾经做过这样的解读："人与人之间只有很小的差异，但是这种很小的差异却造成了巨大的差异！很小的差异就是所具备的心态是积极的还是消极的，巨大的差异就是成功和失败。"心态与人生成败的关系，都浓缩在了这句话里。

心态也是一种习惯，它会在无意识之间跳出来影响你生活的方方面面。而好的心态就是保证你在低谷时向上，在高峰时扎稳。

【智慧屋】

对待生活要有热情

失去对生活的热情就是我们心态崩掉的开始，我们要善于从生活中发现一些美好的东西来调节自己的情绪。比如，家人生病需要很大一笔钱做手术，但是想要凑齐这笔钱又有很大的困难。最终还是在亲戚朋友的帮助下将这笔钱凑齐了。有的人想到的就是凑钱过程中的艰难，感觉自己很不容易，生活很不理想。而有的人想到的就是大家的热心帮助，觉得世界上还是好人多。对借钱给自己的人心存感激，觉得有这么多人帮助自己，生活还是很美好的。这就是善于发现生活中的美好给自己带来的转变，虽然事情很糟糕，但还是会有一些小美好等待你去发现。

对自己要有信心

很多人之所以总是看到事情悲观的一面，有一个很重要的原因就是不自信。他们不相信自己配得上更好的东西，不相信自己能获得更好的结果，所以这种负面意识成了自己的习惯。

久而久之，就成了自己生活的一种心态，这种人只是画地为牢，故步自封。相反，拥有好心态的人都是很有自信的人，他们相信自己可以做得更好，所以才真的做得更好。

PART 7

碎片化时间
少问为什么做，否则赢的总是别人

　　碎片化时间分布在我们生活的角角落落，一不留神就会被我们忽视掉，而时间也就这样白白流走。如何去抓住这些时间并加以高效利用呢？分类管理才是高效利用时间的关键。

量化和分解，让你的目标一目了然

新的一年要来到的时候，很多人都给自己定下了宏伟的大目标。可往往都是等到这一年要结束的时候，才发现自己的目标还纹丝不动地躺在自己的计划表里。

这是我们大多数人的现状，有目标，但总是没办法实现。有的是半途而废，有的是根本就没有开始。不知道你是否了解，出现这种情况的原因很有可能就是你的目标还不够具体，不够清晰。有的只是一个宽泛的概念，却没有实际划分到自己的生活里去。所以，制定目标的时候觉得它离自己很遥远，过了半年或者一年的时候，还是觉得它离自己很遥远。

既然我们都有自己的目标，那怎么才能让这些目标看起来更加清晰具体，更加贴近生活呢？之前王健林提出给自己定一个小目标，先挣他一个亿。对于王健林来说，一个亿的目标或许很容易。但是对于这个目标他也会进行分解，进行量化。比如，挣这一亿大概要多长时间，平均到这段时间的每一天，又应该挣多少？为了完成每一天量化的目标，自己应该做哪些工作等。这就是把一个大目标量化的过程。一个亿的目标，就变成了每天实际工作中的一件事情。

有一年，东京举办了一次国际马拉松比赛。报名参赛的有很多人，其中不乏跑步名将。但是，最后夺得世界冠军的却是一位默默

171

无闻的日本选手。大家对这个结果都感到很意外，于是想弄清楚他凭借什么取得了这个举世瞩目的世界冠军。

后来，这位日本选手在自己的自传中提到了这次比赛。人们关心的话题他也有给出自己的解释。当时，他在书中这样描述自己的做法：每次比赛之前，我都会仔细研究一下比赛的路线。我会开车去那里转一圈，然后做一些标记。比如，在我考察路线的时候，我都会画下一些途中比较醒目的标记。我记得第一个标记是一块广告牌，接下来的是一棵很大的树，再然后是一块很大的石头。就这样一个接着一个画，一直画到比赛的终点路段。

这样，等正式开始比赛的时候，我心里就有了数。用冲刺的速度直接奔向第一个目标，等到达这个目标以后，我再稍微休整一下，然后再用最快的速度到达第二个目标。这样，我攻克的目标数就越来越多。那个看起来很长的路程，就在我的这种分解之下很轻松地跑完。

其实，刚开始的时候，我自己也没有弄懂这个道理。平时训练的时候，我脑子里的目标始终都是想着最后终点线上的那面旗帜。可是训练结果总是不尽如人意，每每都是才跑了不到四分之一的路程，我就觉得自己实在是跑不动了。在这种情况下，一想到终点还有那么遥远，也被吓得不敢跑了。

他的这个回答让大家恍然大悟，其实他并没有改变他的目标，只不过是将那个终极目标化解成了一个一个小目标。对于我们来说，想要一下子就完成那个大目标似乎是一件很难的事情，但是如果我们在概念性的大目标之下，指导具体操作的小目标，这样实现起来就更加容易一点。完成一个小目标之后，自己的自信心也会增强一点，感觉终极目标也没有那么遥远。所以，完成接下来的那些一个一个分解目标以后，就能赢得最终的胜利了。

　　这种方法其实是可以被我们广泛应用到自己的生活中去的，因为它有很强的指导性和可操作性。比如，我们给自己定下的目标是一年挣一个房子首付。按照自己当前城市的发展水平，如果房子首付是二十万的话，那么每个月你的工资就得至少拿到一万六。你再算一下，为了拿到每个月一万六的工资，你每天至少得保证收入五百块。而这五百块从哪里来呢？那你就要看看自己能不能每天拿下一单。如果不能，那自己每天得挖掘多少新客户。这样规划一遍以后，你的目标就变得具体又清晰了。为了完成一年二十万的目标，你每天需要做的事情就是签一单，然后挖掘一个新客户。这样一看，二十万的目标就不再是一件遥远的事情了，而是一件有具体方法论的事情了。

　　除此以外，很多孩子在规划自己的学习计划的时候，也应该参考一下量化目标的方法。一般开学的时候，大多数学生都会列一个新学期的学习计划。比如，"要增加自己的英语词汇量""要提高自己的语文写作水平""在班上的排名要有所进步""数学成绩要达到优秀""要多抽一些时间出来学习"等。这些目标看起来雄壮宏伟，但实际分析起来，却没有那么靠谱。

　　因为在这些目标里面，并没有涉及具体的操作方法和步骤，虽然列满了一张纸，但最终能实现的恐怕并没有几个，甚至一个也没有。原因在哪里呢？

　　如果我们将上面的计划表改动一下，变成这样的形式：要增加自己的英语词汇量 1200 个，平均每个月我就要背下来 300 个单词，为了完成每个月 300 个单词的任务量，我每个星期就要记住 75 个单词。而为了完成一个星期 75 个单词的任务量，我每天就得记住 11 个单词。这样一改下来，你就知道，为了完成一个学期记住 1200 个单词的任务，自己每天需要怎么做了。这样，你的目标就更加具有导向性，将一个宽泛的数字直接化成你的行动力，你只需要一点一滴地去做就可以了。

同样的，对于"多抽一些时间出来学习"这个目标，我们也可以将其进行步骤分割。具体到每一天的上午，下午或者晚上，就可以轻松实现多抽时间学习这个目标了。

实际上，通过上面的描述，我们也知道了，所谓的量化目标就是用准确的时间和具体的数字来规划我们的大目标，一直规划到现在，即我们需要做什么，这样才达到了量化目标的目的。

【智慧屋】

大目标都包含了无数的小目标

有人说，按照上面提到的方法，也不能将自己的目标分解开，因为自己的目标下面已经找不到小目标了。但实际上，我们的有效目标都可以按照这种方法来进行分解，因为每一个大目标都不是直接实现的，而是一步一步去实现的。

用大目标去反推就可以得出小目标

有人不知道如何去将自己的大目标做一个细分的量化处理，这其实就是用你的大目标去反推，实现这个目标需要哪些条件。然后再进行二次反推，为了创造实现目标的那些条件，自己又需要做什么事情来满足这些条件。

打个浅显的比方，王子的目标是救出困在城堡里的公主，那他如何将自己这个目标进行量化呢？首先反推的第一步就是，为了救出公主那就得先到达城堡，然后再找到公主。这才能将公主营救出来，而救出来以后呢，还要摆脱掉城堡的追兵，这样才能保证公主的安全。

那么，目标划分到这一步是不是就可以停止了，当然不行，虽然我们知道了营救公主的步骤，但还没有具体的操作方法。所以接下来还要进行二次反推。比如，为了到达城堡，自己需要准备哪些东西，马匹和车辆要如何分配，遇到突发情况，自己要用什么武器应对，大概需要带多少兵马才能与之对抗。

找到公主的城堡以后，如何去开门。救到公主以后该怎么摆脱追兵等。这些问题理清楚以后，大目标也就量化好了。

学会说 Yes，走出第一步

所谓万事开头难，一方面说的是事情本身，由于我们缺乏相关的经验，导致了事情难度的增加。另一方面，也是说的人们心理，因为事情还没有顺利展开，所以我们会对自己的能力产生怀疑。这种自我怀疑最终也就导致了一种畏惧，也就会更加让人感觉到事情的难度。在事情还没有正式开始之前，所有对自己能力的怀疑都是一种负面的心理暗示，它对最终的结果不仅不会有任何的帮助，反而会让事情得出心理暗示所导向的不好的结果。

学会说 Yes，走出第一步，说的就是，我们去做一件事情的时候，要给自己一个积极的心理暗示，这样才能顺利地跨出第一步。说 Yes，就是告诉自己事情没那么难，我一定可以做到。在这种心理暗示的诱导之下，我们的行为则很有可能与诱导的方向保持一致。

有一位心理学家在一次教学过程中，在课堂上做了这样一个实验：他拿着一个装满自来水的香水瓶对学生们说："这是一瓶来自法国的香水，在座的各位有没有人能闻出来是什么味道的香水？"

说完，他就将瓶盖打开。学生们抢着发言，有的说是香草味，有的说是茉莉花香，还有的说是玫瑰香。当心理学家告诉大家，这只不过是一瓶清水的时候，大家都笑出了声音。

这就是心理暗示对自己行为产生的导向作用，你首先已经认为它就是一瓶香水了，自然就会按照香水的标准去闻去猜测。而如果你事先听到的这就是一瓶水，即使瓶子里装着的是真正的香水，那你也会产生怀疑。所以，心理暗示的重要性就体现在它对自身行为的直接引导上。

弗洛姆是一位很有名的心理学家，有一天，几个学生向他请教了一个关于心理暗示方面的问题，他们问弗洛姆，心理暗示是如何影响一个人的。

弗洛姆并没有直接回答这个问题，他带着这几个学生来到一个没有灯光，十分黑暗的屋子里。在他的带领下，学生们毫无畏惧地从这个略显神秘的屋子里穿了过去。然后，他带着学生们在这个小屋里站定，并且打开了小屋里的一盏灯。虽然灯光很昏暗，但是已经足够学生们将这个房间里的东西看清楚。等他们看清楚以后，眼前的一幕却让每个人都不禁吓得直打冷战。

原来，这个房间里有一个既大又深的水池，水池里游着各种带有剧毒的蛇。其中就有看上去凶巴巴的一条大蟒蛇和三条眼镜蛇。有好几条正张着嘴吐着信子朝他们目露凶光。而他们刚刚穿过这个屋子的时候，正是从这个大水池上方的一个木桥上走过来的。想一想都觉得后怕，所以，大家十分恐慌。

弗洛姆看着这几个学生，向他们问道："现在，你们还有谁愿意从这座桥上走过去？"学生们听到这个问题，都不再作声，默默地低下了头。

过了一会儿，有三个学生决心尝试一把，他们面露难色地站了出来。第一个走上那座小桥的学生小心翼翼地挪动着自己的步子，行走的速度明显比第一次的时候慢了很多，似乎都能看见他的双腿在发抖。第二个走上去的学生踏上那座小桥以后就开始摇摇晃晃，刚走到一半的时候，就说自己实在没办法将这段路程走完了。

而第三个上去的学生，没走几步就开始蹲下身，最终从那座小桥上爬了过去。

三个学生走完以后，弗洛姆还是没有说话。他只是打开了房间里的另一盏灯。

而这盏灯十分明亮，射出来的光线把整个屋子照得像白天一样。这下子，学生们把房间看得更加清楚了。而这一次，他们也发现，在这座小桥之下，有一道安全网。

只是刚才因为灯光昏暗，安全网的颜色也有点暗，所以都没有看明白。

这个时候，弗洛姆再次向同学们问道："现在你们还有没有人愿意去走这座小桥？"

同学们还是像上次一样保持了沉默。

弗洛姆接着说："为什么你们不愿意走过去呢？"

"我们不能确定这个安全网的质量到底靠不靠谱。"有同学满心怀疑地回答道。

听到这里，弗洛姆脸上扬起了微笑。他说，我现在就可以为你们解答那个疑惑了。其实，这座桥本来也不难走，第一次在我的带领之下，你们很顺利地都通过了这座桥。而后来，你们看到了桥底下的毒蛇，这些毒蛇给你们带来了心理威慑，所以你们的内心开始变得不安宁，心态乱了以后，手脚也开始乱了。这才会表现出不愿意再走一遍的心态，也就是害怕、胆怯、怀疑、畏缩等。这不就是心理暗示对人的影响吗？

我们在平时的生活中，自己去做一件事情的时候，如果旁边有人告诉你，这件事情太难了，你肯定不会做成功的，还是趁早放弃吧。听到这句话以后，你的心里也多多少少会形成一种这件事情很难的印象。自己的心理负担也会因此加重，就很容易产生放弃的念头。相反，如果你接收到的信息是，这件事情很简单的，你一定能够把这件事情办得很漂亮。那么你在做事情的过程中就会带着一种轻松的心态，觉得自己能搞定这件事情，所以会劲头十足地去解决这个过程中所产生的各种问题。

在心理学上，有一个词语叫作罗森塔尔效应，这个词语来自一个真实的故事。

有一个叫罗森塔尔的心理学教授来到了一所很普通的中学，然后，他随机在这所中学里挑选了一个班级，在他们教室逛了一圈。随后他又拿出这个班级学生的名册，在名册上随意地圈出了几个学生的名字。在将名册交还给班主任的时候，他对班主任说："这几个被我圈出来的学生有着很高的智商，他们聪明过人，将来一定会有大成就。说完以后，他就离开了这所学校。

过了很久，这位心理学教授再次来到这所中学。他发现了一个很有趣的结果，之前被他圈出来的那几个学生真的成了班级里学习很好的人。这个时候，他又找到那个班主任，坦诚地说道："其实，我对这些学生一无所知，我对他们的过去一点都不了解。"这句话让班主任感到十分意外，表示自己对这个结果也非常吃惊。

也许那几个学生的成绩一直都是平淡无奇的，但是被心理学家圈出来，并且被告知他们的智商高于常人，一定可以取得非常优异的成绩之后，他们就接收到了一种积极的心理暗示。所以，在日后的学习过程中，会想出更多的办法来攻克自己遭遇的困难。日渐向那个"优异"的目标靠近。

当你从心里去认为一件事情很难的时候，那件事情只会变得更难。多对自己说"Yes"，事情就会容易很多。

【智慧屋】

首先就要摆足架势

我们知道了积极的心理暗示会给自己的行为带来积极的影响，那我们在平常的生活中又该如何去做到这一点呢？首先我们就要摆好自己的架势，比如，走路的时候要昂头挺胸，平时要多一些微笑，少一些愁眉苦脸。这就是利用肢体语言来带给自己一种积极的暗示，走路的姿势摆正，脸上的表情喜悦，就是一种信心十足的表现。

用积极的口头禅替换你消极的口头禅

每个人都会有一句自己的口头禅，一般都是在遇到困难或者突发情况的时候会下意识地脱口而出。比如有的人习惯说："唉，真是太糟糕了。"这句话一说出口，影响的不仅仅是自己的心情，还会在一定程度上影响到事情结果的好坏。如果我们将这句话换成："啊，没事的，没事的。"这样会让自己好受很多，事情自然也不会太过糟糕。

记录，为你的思考留下证据

上学的时候，我们被老师要求每天写一篇日记，那时候我们不过是记录一下自己每天做了哪些事情。虽然每次都像是流水账一样，但是过后再翻起这些日记的时候，还是会觉得有趣又好玩。工作以后，写日记这种习惯已经从我们的生活里消失了，都已经毕业了，也不用交作业了，那还写什么日记呢？但实际上，记录只是一种形式，我们不应该只是为了应付交差而去记录。为了抓住自己思想的小火花，我们也应该保持一种记录的习惯。

我们的生活和工作中会出现很多问题，解决这些问题其实是需要大量灵感的。而灵感不是一种时时刻刻都会出现的东西，说不准它会在哪一刻就在脑子里闪现出来了。如果我们不知道去记录它，那它也就只是一闪而过。但如果我们能在灵感到来的时候，及时将它记录下来，今后它将对解决我们生活和工作中的问题有很大启发作用。

作家刘瑜在自己的书中就提到过："生活里的点点滴滴，对于记忆力短路的我来说，如果没有这些文字，几年的生活很可能人去楼空。"

在这个信息时代，有难以计数的手机软件为我们的记录提供了很大的方便。从 qq 空间到微信朋友圈，再或者是一些专业的记录软

181

件，都已经渗透到了我们的生活中。

李彩云是一个职场新人，毕业以后凭借自己在校期间丰富的实习经验，很顺利地进入了一家大型外企。但是，高兴之余，自己也感到了很大的压力。身边的同事个个都很优秀，和他们的巨大差距让李彩云心里产生自卑感。特别是在工作过程中，在给外商发送电子邮件的时候，对一些专业词汇和特定语句表达得不是很熟练。有一次还因为自己用错了一个词语而在公司闹了大笑话，而那次失误，也给公司带来了一定的损失。

这以后，她对自己变得越来越没有信心了。有一天，她下班有点晚，旁边有一位同事也在加班还没走。当手上的事情都忙完以后，她们聊起了天。李彩云怯生生地问道："你觉得这些工作难吗？为什么我做起来这么费劲呢？"

"其实我刚来的时候和你一样，对一些专业词汇掌握得不够好，所以很多时候写邮件也会闹出一些笑话。后来，我每次写完邮件以后，除了要求自己必须检查两遍以外，还会请那些老员工给我检查一遍。确认无误以后，我再发送过去。"同事一脸和气地说道。

"我每次写完以后也会自己进行检查，有时候也会让旁边的人给我检查。但我的问题就在于，每次别人给我纠正一个地方，当场改正过来以后，过一段时间再碰到这个问题的时候，我还是会出错。"李彩云想要同事给她想一个办法，所以将自己心中的疑惑都讲了出来。

"是啊，每天的工作量比较大，有时候事情也很杂。所以碰到之前被修改的一个错误以后，你知道它是错的，但你就是很难想出正确的用法是什么。这也是一个很正常的现象，不要太过纠结。"同事安慰着说道："不过我倒是可以教给你一个方法，我以前就是靠这种方法帮自己度过这段生疏时期的，对你应该也很管用。"

同事神秘地看着李彩云，而李彩云也万分期待地等着。

过了一会儿，同事从办公桌的抽屉里找出来一个厚厚的笔记本，她将笔记本翻开来给李彩云看。只见上面密密麻麻地记录了很多东西。她拿起本子细看的时候，发现上面写着很多工作上的术语，有中文和英文，旁边还写上了自己的理解。术语下面还有一排文字，用来帮助自己记忆这些单词。

"我以前刚开始接触这份工作的时候，总是会犯各种各样的错误。后来我自己就想了一个办法——将自己犯过的每一个错误记录下来。所以，我找来笔和纸，像做摘抄一样将自己写错的地方重新写在这个笔记本上。等到工作之余我再翻开来看的时候，又会有一些新鲜的想法，比如，怎样才能快速记住这个单词，并让它长久地待在自己的记忆里，这样下次要用它的时候就很容易想起来。你看到下面那排不同颜色的字了吗？这就是我自己琢磨出来的，有时候吃着饭突然会想到一个记忆词语的方法，然后就会拿出这个笔记本将刚才想到的方法写上去。"朋友一边翻动着笔记本一边讲述自己以前的经历。

"有时候也是在下班路上，坐在公交车上，突然看到一样东西引发了我的相关联想，于是也会拿出笔记本，将其写下来。就这样，慢慢地已经不知不觉积累了这么一大本了。有了这个习惯以后，自己发送邮件时候的错误率也大大降低了。这上面记录的看似是一些公司的相关术语，但实际上，它就是我的一个思考过程。"

李彩云合上同事的笔记本，若有所思地点点头。

在接下来的工作之中，李彩云按照同事教给自己的这个方法，开始认真记录自己的错误。她发现，在自己记忆单词和专业术语的过程中，脑子里不时会迸出新的火花。而在这个记录的过程中，也加深了自己对那些专业术语的理解。比如，她会写下自己上厕所的间隙想到的一句话，而这句话在日后的工作中还派上了大用场。

慢慢地，李彩云也感受到了这种方法给自己工作带来的改变，她将这种方法推广到了自己的生活中，也教会了其他新来的同事。

我们说记录改变生活，并不是意味着只要我们去踏踏实实地记录一些东西，我们的生活就会马上得到改善。而是说，我们所记录下来的自己的想法和经验，方法和灵感能更有针对性地指导我们去解决生活和工作中出现的实际问题。这就是一种好的改变，抓住自己的灵感，并且通过记录的方式积攒下来，对于我们来说，何尝又不是一种财富呢？

【智慧屋】

关于记录，你的选择不止一种

除了上面提到的文字记录，我们还有很多别的方式。比如，图片，声音，符号等。平时我们用微信发个朋友圈，一张图片一句话，这也是一种记录。现在的市面上也充斥着很多关于记录生活的 APP，我们的选择有很多。虽然选择的形式多种多样，但是我们通过这么多形式所记录下来的东西都是我们思考的证据。根据实际需要，你可以选择一款对自己来说最为方便，最为好用的方式。这样可以促使自己长久地坚持下去，让自己喜欢上这种生活方式，也让记录成为你离不开的习惯。

灵感来自观察和思考

就算是片刻的灵感，也少不了我们对生活的细心观察和认真思考。为了保持自己思想的活跃，就需要我们对周边的生活保持一定的热度，哪些事物会引发你的相关思考，都需要你耐心地去观察。比如，在你每天回家的路上长着一棵很大的树，可是你在那条路上走了那么多年，竟然连那棵大树树叶的形状也没有记住，这就是缺乏观察的表现。如果我们真的去观察了，就应该清楚树干的颜色，树叶的形状，以及树枝的分布情况等。

有时候我们在书上看到一句话，就是一扫而过，并没有给自己带来什么触动或者感想。但是有一天，你从别人嘴里听到了这句话，你突然觉得很有道理的样子，而实际上，这句话你早就在书上看到过了。这就是缺乏思考的表现，虽然是在看书，可是却并没有带入自己的想法，所以也只能是看过即忘掉。

减法管理：批次处理事情

我们平时很难安排专门的时间去做某些事情，不是说我们时间少，而是我们的时间不够集中。因为工作和生活的原因，一天的时间被分割成了一块一块的。所以，我们的时间被化整为零，变成了很多碎片化的时间。这样一来，我们安排一些事情的时候，也就只能去利用这些时间。但如何更高效率地去利用这些时间呢？

实际上，这个问题也可以转换成，我们要如何去减少自己的时间碎片。当我们把自己需要办理的事项按照处理类型分好类以后，就可以利用一段碎片时间将这一个类型的事情集中处理。这样既能节约精力，又能减少时间碎片，所以叫作减法管理。比如，你有好几个邮件需要回复，你就集中一个时间段一次性将所有需要回复的邮件都回复完。而不是回复完一封邮件以后，再去见一个客户，然后回来以后再回复一封邮件。这样不仅会浪费大量时间，还让自己的时间变得更加碎了。

公司的上班时间是早上九点整，小周每天会提前半小时到公司。他先是在茶水间吃完自己带过来的早餐，然后再用自己的杯子倒满一大杯水以后，就回到自己的办公桌前开始工作。他对于自己的工作安排有一个详细的周计划表，每天的工作节奏都是按照那份计划表来展开的。

上午的时间，一般都用来完成自己的工作，除了喝水上厕所，他几乎都是在电脑前写程序，编代码。中午吃完饭以后，他会适当地休息一会儿。等开始下午的工作以后，他就会和自己团队的成员一起讨论一下手上项目进展的情况，并针对各自遇到的难点给出意见，提出方案。这件事情做完了以后，他会依次回复邮件和其他消息。

一般情况下，他都能在下班之前完成自己手上所有的工作。所以，每天他都能准时下班。坐车回到家以后，他自己做饭吃饭，等一切都收拾好了以后，剩下的时间就是他看书的时间了。他一直都保持看书的习惯，每个星期他都能看完两本书。生活和工作的节奏在他这里似乎被把握得很好，没有一点混乱的迹象。

而小何跟小周干的是同样的工作，但是他基本上每天都必须加几小时的班，才能将自己手上的事情干完。由于每天加班到很晚，所以第二天上班的时间也会受到影响。一般都是比上班时间晚一会儿才能到公司，有时候甚至会迟到一小时。

来到公司以后，因为没有详细的工作计划，所以他得首先思考自己今天需要干什么。一般不是和团队开会讨论项目难点，就是发发邮件，指点指点工作，然后再看看邮箱有没有新的邮件，顺便还会拿出手机翻翻朋友圈，看到好笑的就点个赞。

而中午吃饭以后，他没有休息的习惯，依然是这件事情还没有处理完，又想到一件新的事情，然后又投入那件新想到的事情里去。等到下午上班的时候，精力已经明显跟不上了，开始不断地犯困。所以，工作起来的效率非常低，还总是容易出错。这种状态一直延续到下班以后，公司的人都回家了，剩下他自己，旁边没人打扰以后，才开始进入工作状态。为了完成当天的工作量，就得不停地加

187

班加班再加班。

小何对自己目前的工作状态也很不满意，他觉得自己每天很忙，都不能在下班之前做完所有的事情。而每天回去以后，还想抽点时间来提升一下自己的工作能力，但也悲哀地发现，根本就抽不出时间。因为每天加完班回家，都已经是十一二点。有时候肚子饿了，自己做点吃的，吃完就已经是凌晨一点多了。明天还得继续上班，人又困得不行，所以只能抓紧时间赶紧睡觉。等第二天又开始进入这样的循环模式，没完没了地加班，睡觉，起床，上班。想做别的事情都成了一种奢望。

其实，小周和小何的工作量基本上是相同的，但为什么两个人的工作状态会有这么大的区别呢？一个精力集中效率高，办事井井有条，时间也是刚刚好。而一个是效率跟不上，工作状态差，时间永远也不够用。

我们可以分析一下小周的工作习惯，他把自己的时间大致划分成了三个大的时间段，就是上午，下午和晚上。上午到达公司以后，先集中处理好自己的事情，等自己的事情都处理完以后，马上就会按照自己的计划进入工作状态。而整个上午的时间，他都在专心做同一件事情，就是写程序。等吃完饭，休息好以后，他又马上投入下午的工作，开始和同事交流项目进程，一起解决一下遇到的难题。这件事情完成以后，再接着去回复邮件和消息，处理一些其他的小的杂事。

而小何呢？每天上班时间不规律，所以每天开始工作的时间也不确定。因为自己没有提前安排工作，所以每天还要花费一些时间去思考当天工作的安排问题。

他对自己时间的管理意识并没有那么强，比如，一上午的时间，他就用来和别人讨论问题，问题讨论到一半，发现自己有邮件需要回复，所以又去回复一个邮件。而在回复邮件的过程中，又发现了下属工作过程中存在的一些小问题，所以又对下属讲了一下工作中的注意事项等。这些事情处理完以后，又回过头来，接着去讨论项目进展，研究问题的解决方案。

这样一来，本来是一个完完整整一上午的时间，全部被他变成了碎片时间。所以自己的工作只能安排到下午，但是由于前一天加班到很晚，睡眠时间不充足，加上没有午休，所以很快就变得疲惫，精力涣散，不能集中。一会儿刷刷朋友圈，一会儿再看个微博，等到别人都下班走了以后，他又必须得留下来加班接着完成任务。看似所有的时间都耗在了工作上，但实际上工作效率并不高，所以只能是占用自己生活的时间。就这样成了一种永无止境的恶性循环。

很多人觉得小何的问题就在于他的碎片化时间太多，其实不然。他的问题就在于自己被时间分割成了很多碎片。同样数量的事情，都被他分散开来去处理，当然耗精力耗时间，工作做不完，生活也是一团糟。

我们要学会管理自己的时间，一方面就是从提高工作效率入手，另一方面就是从节约时间方面入手。只有试着去管理时间，才能把自己一天需要做的事情按时完成，做到工作生活两不误。减少自己的碎片化时间，就是一种节约时间的良好方式。

【智慧屋】

事情越减越少，时间越减越多

按照批量处理事情的原则，我们一件一件来消灭自己手头上的事情。所以，事情只会越来越少。而因为这种方式节约了我们的时间，也利用了一些碎片化的时间，所以也就相当于我们把自己的时间变多了。比如，我们完整地看完一集电视剧大概要花四十分钟，这是在没有广告的前提下。但是如果电视剧里插播几则广告，我们看完这集电视剧需要花费的时间就成了一小时。其中的广告就相当于把完整的四十分钟分割成了多个片段，所以看完同样一集电视剧所花费的时间就更长了。

同样，我们在实际的工作过程中，如果安排事情很随意，想到什么就干什么，而没有一个好的时间管理方法，那我们的工作时间就会成倍增加。

乘法管理：高效思考，大块执行

我们在做任何事情之前，都会有一个思考的过程。比如，给公司做的广告文案，上交的时候没有通过，还需要更加细致的修改。那么，在解决这个问题的时候，你肯定会思考一下自己应该从哪些方面入手修改，怎样将公司产品和文案结合得更加自然出色。这个思考过程就是我们在解决问题之前的统筹计划，那么，这种统筹计划是否一定要有专门的半小时或者一小时来进行呢？

其实，我们今天要讲到的就是如何利用碎片化时间去思考问题，一件事情摆在你面前，等你想清楚怎么去做以后，后面的事情就变得容易了很多。我们所说的高效思考，大块执行又是指什么呢？高效思考就是抓住各种时间的间隙，把你处理事情的方法在你的脑海形成一个初步的想法。而大块执行，就是在想法建立以后，安排一个足够你去执行这个想法的大块时间，将想法实施出来。这就是时间管理上的乘法管理。

一般我们评价一个人的工作能力的时候，如果是表扬那个人的工作能力特别强，做什么都是快别人一步，很多事情别人没有想到的，他都能想到，并且做得很好。这里"别人没有想到的"其实就是说在问题出现的时候，他能想清楚怎么解决，而一旦想清楚怎么解决以后，自然能比那些没有想清楚如何解决的人做得好，做得快。

有人可能又会说，那我思考解决方案的时候，需要一段很长的时间，所以我必须等到一个整块的不被分散的时间段才行。其实你大可不必这样做，因为现在想要安排一段集中的时间本来就很难，而那么多零碎的时间，如果不好好利用的话也是白白浪费。况且，利用起来后，会让你的工作效率得到提升。

吴梅是一家高端艺术品销售公司的顾问，之前就职的那家金融公司倒闭以后，她在朋友的介绍下来到了这家公司。进入新公司的第一件事情就是接受公司一个星期的全封闭式培训，讲课的老师都是公司的高管，他们将自己擅长的专业知识一股脑地在很短的时间内全部都讲了出来，并要求那些新来的员工在这个星期后的考核中拿到一个优秀的成绩，只有这样，最后才能留在公司。由于之前没有接触过这方面的知识，所以吴梅学起来有点吃力，曾经一度还想要放弃。

在培训的最后一天下午，公司安排了好几个老员工来给正在接受培训的准新员工做演讲。其实所谓演讲也就是讲讲自己的故事，说一说自己是如何在公司站稳脚跟，并赚到自己满意的薪水的。其中有一个女孩子比吴梅还要小两岁，她是大学毕业以后就进入了这家公司。毕业没多久，在这里挣到了不少钱。这一点很吸引吴梅，她想自己无论如何都要留下来，因为自己真的太缺钱了。

最后的考核分为笔试和口试，在笔试部分，大部分人都顺利地拿到了八十以上的分数，顺利过关。口试安排在下午，大家都有点儿紧张。所以，大部分人都在通过闲聊来缓解自己的情绪，但是吴梅却在思考着口试的问题。她拿出自己平时做的课堂笔记，开始回忆这些天自己所学到的知识。并在脑子里一遍遍地演练，到时候坐在自己对面的那个考官可能会给她抛出一个什么样的问题，这些问题自己又该如何漂亮地应对。

趁着午休后的间隙，她已经将这次口试可能会出现的各种问题在脑子里演练了很多遍了。所以，在最终的考核过程中，她表现得很从容，回答问题的思路也很清晰，赢得考官赞赏。笔试和口试都顺利通过以后，她很幸运地留在了公司。虽然有幸留下来了，她还是面临着一个巨大的问题，那就是公司里优秀的人太多了，想要在她们中间脱颖而出简直有点太难了，她感到了非常大的压力。

为了和公司快节奏的工作保持一致的步调，她每天很早就起床。起床以后的第一件事情就是在楼下的小公园里跑几圈。为了让自己在这一天的时间里做更多的事情，她一般都会在跑步的时候将自己今天要联系的客户在脑子中梳理一遍。有哪些客户是第一次联系的，有哪些客户是已经有购买意向的，有哪些客户是在主动询问产品的，还有哪些客户是需要面谈的。等她跑完步以后，这些问题也已经捋清楚了。

跑完步回家洗漱的时候，又会按照自己的工作进度来给这些客户排一个联系时间表，先联系谁，再联系谁，先做什么，然后再做什么，这个问题也趁着这个间隙解决掉了。而在上班的公交车上，她也在心里琢磨如何加大意向客户的成交率。所以，在每一个可以思考的时间间隙，她都没有放弃思考的机会。

等到她到达公司以后，就可以直接开展手上的工作了，工作安排得条理清晰，主次分明。不像有一些新员工，来到公司就开始抓瞎，没有明确的工作思路，东一榔头，西一棒槌，一天的时间也很快就混了过去，自己也没有取得什么工作成果，所以进步很慢，成长也很慢。但是吴梅利用这种乘法管理方式，就大大地提高了自己的工作效率，让自己的时间看上去比别人多了很多，但实际上只是在时间的利用上比别人更加充分而已。

这样没过多久，吴梅的工作能力越来越强，第一个月发工资的时候，她拿到了比同批员工多很多的工资。这就是对自己科学管理时间最现实的回报。

我们有效的工作时间很可能被会议，讨论和突发情况给打断，当你的时间变成小块小块的以后，如何去利用这一小块，或者小块与小块的间隙，就成了一个相当重要的问题。而这种乘法管理，就是将时间从小块变成大块的方法，用对了，工作效率自然也就提高了。

【智慧屋】

一天有多少个时间的间隙？

你有没有认真思考或者认真计算过，以你目前的生活和工作方式，一天的时间能给你留出多少个时间的间隙？或者我们无从思考和计算，因为这种间隙实在是太多了。比如，早上要坐很长时间的公交和地铁，但是这种时候自己却没有思考任何问题，只是让时间在发呆中过去，没有一点效率产出。中午吃完饭以后，宁愿不睡觉也要刷会儿手机玩会儿游戏，却丝毫也不关心下午的工作安排。

仔细想一想，我们真的可以数出很多像这样的时间空当，只不过我们平时并没有去过多留意。所以只能觉得自己时间永远也不够用，工作永远也做不完。

工作效率提高的关键在哪里？

有人说，想要一天之内完成更多的工作，那就遵循一个字：

干。在有限的时间里努力多做一点事情，那不就等于提高了工作效率吗？但我们说不经过思考就动手，就等于一种蛮干，这种情况导致的结果很有可能就是事情做到一半发现没办法继续了，所以只好再从头开始干。这样的反反复复，不仅浪费了时间还浪费了精力。

比如，我们想要做一个飞机模型，你首先应该思考一下真实的飞机长什么样，然后将飞机按照一定的比例画在图纸上，再然后你才能着手准备材料开始施工。如果你连前面的思考过程都没有，直接找来材料凭借临时发挥的想象就开始胡乱建造，那你建出来的很有可能就和真正的飞机模型差了十万八千里了，不得不推翻重造。

除法管理：调整情绪，高效工作

前面两节提到了时间管理上的减法管理和乘法管理，今天要给大家介绍的是另外一种管理方法：除法管理。其实我们说到的这些方法都是一些利用时间碎片的方法，前面讲到的减法管理就是减少自己的时间碎片，而乘法管理就是高效利用自己的时间碎片。那除法管理又是什么呢？我们上学的时候，每次上完一节课或者两节课以后，自己就感到注意力开始不集中，精力明显下降，肚子也饿得咕咕直叫，老是想着一些跟课堂没有关系的事情，这就是一种废物式的时间碎片。这个时候，我们就要想办法除掉这些影响我们学习的不好因素，将这些废物式的时间碎片慢慢地排除掉，这就是一种时间的除法管理方式。

首先我们要找到自己注意力下降的原因，因为长时间地专注做一件事情会容易让人产生疲惫感，所以需要我们去调节一下来消除这种疲惫感。调节的方式有很多种，有的人选择放空一会儿，什么也不做休息一下。而有的人选择做一点不一样的事情来调剂一下。其实，选择好一种适合自己的调整方式也是非常重要的。

现在很多公司就为员工配备了专门的健身房，为的就是能帮他们缓解工作的压力和疲惫。一个人在精力满满状态极佳的时候，工作效率也自然跟着提高。所以，我们想要排除自己工作时间之内那些状态不好的时候，就要做一些与工作不一样的事情。比如，你工作的常态是经常跑来跑去，为了缓解这种疲惫，你就需要坐下来休息休息。坐下来这个行为就是区别于平时跑来跑去这个状态，这样才更容易让自己得到放松。

小海在一家外贸公司做业务员，他刚刚大学毕业还没有多久，为了尽快靠自己在大城市站稳脚跟，所以工作起来很拼命。每天工作的时候，都是马不停蹄地在外面跑业务，和客户谈判签单。有时候连吃饭的时间都没有，只能吃点方便面随便应付一下。在外面跑完业务回到公司以后，人已经疲惫不堪。但是他依然歇不下来，满脑子都装着工作，挣钱等想法。

第一季度，他成交了三十个订单，拿到了一份不错的薪水。这让他信心大增，刚开完第一季度的表彰大会，他马上又投入到了下一季度的工作中，开始马不停蹄地跑客户，签单。但令人费解的是，他工作起来比第一季度更加忙碌了，但是却没有得到与之对应的回报，签下的单子还不到第一季度的一半。

因为他的大脑和身体长期处于一个工作的状态，所以时间一长，工作效率就变得没那么高了。

如果我们选择了不适当的休息方式，不仅不会让自己的劳累得到缓解，反而还会增加自己的负担，让自己越来越累。

有人说自己都上了一天的班了，已经很累了，所以一想到休息就是找个地方坐下来一动不动，或者能躺着就尽量躺着。就算身体得到了休息，但是大脑并没有放松下来，还是相当于没有休息。

而有的人又有不同的想法，觉得既然是休息，那就是要痛痛快快地玩一顿，大吃大喝，然后再通宵 K 歌，这样就能让自己得到放松和调整。其实这样做虽然能在一定程度上放松身心，但过犹不及，结束之后会让你累上加累，增加心理疲劳。

我们说这么多，其实就是在强调一个问题，那就是如何消除自己状态不好的那段时间，而这样做的目的是让自己尽快恢复状态，以便再次投入工作。这种方法既包含了情景的切换，也包含了状态的改变。

好的时间管理就是要协调好我们自己的时间，平衡好工作和休息的状态，既能让工作服务更好的休息，也能让休息服务更好的工作。而把时间变得高效就是一种最好的利用，我们要保证自己在工作中时刻都是一种最好的状态，才能保证自己的时间被最高效率地利用。所以当我们状态不佳，力不从心的时候，我们就必须停下来调整状态然后重新出发。

【智慧屋】

不要等到干不动了以后才想起来需要休息

都说世界上最没有用的事情就是后悔，但是每天依然有很多人处在后悔的状态。平时强调要适当地放松以便高效率地工作，都当成了一种无意义的耳边风。等到有一天，自己真的累病了，累得倒下了，才后悔自己在平时没有注意休息。比如，有人没日没夜地工作，在公司工作，回到家以后还是工作。该吃饭的时候工作，该睡觉的时候还是工作。以为自己这样的勤奋肯定能换来一个很好的成绩，到最后，好的成绩是换来了，自己却无福消受。这就是得不偿失。

决定你累不累的是你的低效率时间多不多

很多人不明白，自己平时的工作任务也不重，工作状态也还算轻松，可是到最后为什么还是感到身心疲惫呢？其实我们都有一个错误的认识，认为我们感到累的直接原因是工作量太大。其实不然，我们感到累是因为我们的低效率时间太多，而我们自己又不知道如何去排除。

低效率的状态就是要把最后一点体力耗在工作上，以为这是敬业和努力，但实际上这就是一种无意义的消耗。如果长期保持这种低效率的工作状态，那么人就会长期保持在一种疲惫的状态。所以，我们感到太累了，可能只是因为我们的效率太低了。

PART 8

自律者的仪式感
从假装很忙到假装很闲

都说自律的人才能得自由，但似乎我们每天的生活都是一个忙乱的状态。这其实是一个误区，我们要有所舍弃，知道什么时候该干什么事情，并清楚怎么去做这件事情会更加有效率。学会自控，是走向自由的起点线。

时代误区：越忙越乱，越乱越忙

我们反思一下自己的生活和工作，很多人根本就弄不清楚，从早到晚快要忙死的自己究竟忙了些什么。我们可以说出很多件事情，但我们却没办法说出一件具体的事情，最后还要安慰自己说这就是生活。你有没有想过，自己其实已经陷入了一种误区：越忙越乱，越乱越忙？我们恨自己分身乏术，那么多事情等着去处理，一旦有所懈怠工作和生活就会变成一团糟。而一旦工作和生活变成一团糟，就得更加忙碌起来，做更多的事情来保证自己维持一个正常的工作和生活状态。

似乎越忙越乱，越乱越忙已经成了现代社会人们的新常态。而我们给自己安排了一份满满的日程表，就算照此计划按部就班，还是觉得时间不够用，自己忙得喘不过气。我们关注的事情越多，我们的精力就越分散。对于生活在现代社会中的我们来讲，想做到专一其实是一件很难的事情，我们已经很难习惯一次只做一件事情，要让自己看起来很忙，才能心安理得。

开会的时候，我们要关注娱乐新闻，关注国家大事。培训学习的时候，我们要陪客户聊天，多拿下几个订单。工作的时候，我们要刷刷淘宝买几件打折的商品，为自己省点零花钱。吃饭的时候，我们要拍几张照片，如果不拍出一张好看到可以发朋友圈的照片，我们会连饭都吃不下。休息的时候，我们要玩几把游戏放松放松，谁知一玩就根本停不下来。我们总是身在曹营心在汉，根本就没有在对应的时间去做与之相对应的事情，所以时间越来越少，事情永远也做不完，人也永远忙不完。

我们过多地将自己的时间和精力分散到一些与手头工作没有关系的事情上去了，所以时间虽然被消耗掉了，但是工作并没有完成。而为了完成手头上的这项工作，不得不另外抽出一些时间去做。而抽出来的这个时间原本是属于下一份工作安排的时间，所以，时间往后顺延的同时，工作也要往后顺延。积攒在手上的工作自然也会越来越多。看上去，你是一天忙到晚，但不仅没有把当天的工作处理完，反而还遗留了很多工作，只能明天接着进入这种越忙越乱，越乱越忙的状态。

那么那些成功人士在自己的工作和生活中又是怎么做的呢？在一部名叫《成为沃伦·巴菲特》的纪录片中，讲了很多关于巴菲特的故事。当镜头转向他的日常生活和工作的时候，我们看到的永远是一个非常专注的巴菲特。

每天二十四小时，他会花很多的时间来独处。因为自己的工作需要，他每天必须得关注各种新闻，尤其是关于财经方面的新闻。当他走进办公室以后，就马上投入一种全心工作的状态，旁边既没有电脑，也没有智能手机。与其说是他的办公室，不如说是他的书房。因为房间里有一个大大的书架，上面摆满了各种书籍，都是他每天要看的一些书。而他的办公桌上，则铺满了各类报纸。

只要每天走进办公室开始读书读报，他就不会再做其他的事情，只是一心一意地将自己完全投入学习之中去。

一位世界顶尖级大咖，他的事务会比我们少吗？但为什么我们看上去比他还要忙碌好多倍呢？他既能够将自己的工作做得出色，还能够抽出这么多时间去看书读报，一切看上去都是井井有条，而我们却似乎抽不出一点时间，只能让生活变得糟糕。

如果巴菲特的工作状态和我们一样，看书看到一半便拿起手机刷一会儿，等把微博都刷过来一遍以后，才想起放下手机拿起书本，可是时间已经过了一大半了，还有那么多新闻等着他去阅览和研究，那这一天就不用做别的事情了。如此一来，股神巴菲特的名号可能也要不保了。

导致我们越忙越乱，越乱越忙的原因除了我们做事情不够专一，浪费时间以外，还有一个重要的原因就是我们过多地考虑到了经济成本而忽略了时间的成本。

顾名思义就是我们时常会为了省钱而不去考虑省这个钱需要花费的时间。

比如每年双十一都是电商狂欢节，各个平台都在打折促销，优惠甩卖。他们给出的折扣标准很不一样，有时候需要我们用一些比较复杂的计算公式进行核算以后才能得出一个正确的折扣答案。但是为了买到便宜的东西，我们不惜在电脑前守一整夜，一边计算着折扣率，一边抢着自己想要的东西。等抢到以后，又发现满 198 元包邮，于是为了凑单，又花了好几小时去挑选了一些自己根本用不着的东西。过几天东西收到以后，还要花好几天的时间跟同事抱怨自己买了一大堆东西，但是根本就用不着。

又比如，我们出去跑客户，明明坐车十几分钟就可以到了，有人却硬是要选择步行，结果硬是足足走了四十分钟才走到。到最后还要高兴地说自己今天省了好几十元的打车费。可是等他花四十分钟走到客户那里，与客户寒暄半天，然后再花四十分钟走回公司的时候，一天的工作时间基本上也快结束了。如果能换一种思维，直接打车去客户公司，完成与第一个客户的签约后再打车去第二个客户公司。这样一来，一天内就可以完成见两个客户的任务，而不仅仅是只见一个一天就过去了。看似节约了打车钱，可为了省钱花费的时间，本来是可以为你创造更多价值的。

要改变我们越忙越乱，越乱越忙的状态，就要改变我们对待时间的观念。摒弃那种陈旧的认知，认为省钱比省时间更为重要，到头来可能只是因小失大，捡了芝麻丢了西瓜。与此同时，我们也要注意培养自己的专注力，确保做一件事情的时候不要被其他事情打扰，将自己有限的精力集中到眼前的工作，忙得有条理，忙得有尽头。

【智慧屋】

自制力强的人一般也都有较强的时间观念

很多时候我们会不由自主地在做一件事情的同时还想着要去做其他的事情，因为我们根本管不住自己。而那些自制力本身就很强的人，他们在平时的工作中有着极高的自律性，他们能管住自己的行为。他们也有着很强的责任心，不仅表现在对工作的负责态度上，还表现在对自己负责任的行为中。比如，办公室里都是一片探讨八卦的声音，大家纷纷丢下自己手上的工作加入其中。而有的人却不会因为这种热闹而动摇，他们会继续好好完成自己的工作，因为工作需要，也因为自己责任心的驱使。

较强的时间观念说的不仅仅是守时惜时，还有如何最大限度地去用时。做一件事情就要有做一件事情的样子，这才是对时间的最好利用。

少一点借口，多一点担当

很多人过完忙碌又空虚的一天以后，为了让自己的内心平衡好受一点，就会找来很多安慰自己的借口，而不愿意接受一事无成的事实。他们会说："我已经做得很好了，相比谁谁谁，我还是处在一个很领先的地位的。"所以，他们就成功地为自己没有结果的忙碌开脱了。也就心安理得地去为一些没有意义的琐碎事情付出自己大部分的时间和精力，而找更多的借口来应付自己工作没能及时完成的后果。

借口太多，会让自己对一种坏的状态产生麻木状态，觉得即使长久地待在这种状态之中也没什么大不了。所以越忙只会越忙，越乱只会越乱。因为有了第一个借口，就会有第二个借口，继而就会有源源不断的借口。借口越多，就说明有越多的错误行为需要掩盖，所以生活和工作状态也就越差。

出发之前，先擦亮手上的剑

之前网络上流行着这样一句话：剑未佩妥，出门已是江湖。很多人感慨唏嘘，觉得江湖险恶。但我却要从另外一个角度来理解这句话，出门之前，先擦亮自己手上的剑，走到哪里都不会再害怕江湖。放到我们现实生活中来讲，江湖就是我们要踏入的社会，而剑就是我们赖以生存的技术和本领。为了让自己拥有一个更好的生活，多花点时间去磨炼自己手上的剑是很值得去做的一件事情。而如果连本领都没有练好，就匆匆进入社会，也许会在摸爬滚打之中被摔得鼻青脸肿。最终只好认输，过上自己眼前没那么好的生活。

每个人都会渴望自己早一点步入社会，早一点工作挣钱，早一点结婚成家。而在进入社会之后，他们就只顾着勤勤恳恳地埋头苦干，却不知道去提升自己，锤炼自己，所以最后得到的结果反而没有那些后步入社会的人混得好。因为他们自己还没有准备好，就已经走向了社会，而走向社会之后，又不肯改变自己，所以只能止步不前，或者干脆越来越退步。

美国有一位名叫比尔·拉福的著名企业家，他从小就立下了自己的宏图大志：长大以后要做一名成功的商人。而这句话并不是一个小孩子的玩笑话，也不是他说来博取大人欢心的奉承话。为了这个梦想，比尔·拉福一直在为此努力着。

　　中学毕业以后，他以优异的成绩考入了麻省理工学院，但出人意料的是，他并没有选择和商贸有关的贸易专业，而是选择了一个看起来和商贸毫无关联的机械专业。在大家纷纷表示疑惑的时候，比尔·拉福则解释道："如果我想做好商贸这件事情，就必须得具备这些基本的专业知识。"听完他的解释，大家觉得这个选择真是一个智慧的选择。

　　等他从麻省理工学院毕业，他的很多同学都是直接进入社会，开始工作挣钱。虽然比尔·拉福现在已经可以做出投身商海的选择了，但是他觉得时机还并不成熟，为了将自己的专业素质修炼得更加全面精进，他又考入了芝加哥大学，这一次他选择了经济学来作为自己硕士阶段的学习专业。这一读就又是三年，硕士毕业以后，他已经完全掌握了成为一个商人所需要具备的理论知识。

　　但是硕士毕业以后，他还是没有直接找一份商业相关的工作，而是再次做了一个出乎所有人意料的选择，他考了一个公务员，进入政府部门去工作。这一次，他给大家的解释是："如果想要成为一个成功的商人，那就得具备很强的交往能力，里面情况复杂多变，通过他们，可以培养自己随机应变的能力和临危不惧的品质，处理事情也会变得成熟老练。"

　　终于，他在政府部门工作了五年之后，才辞掉这份工作，转而奔向商海，并且在商海一鸣惊人。自从经商以后，他就在不断地创造惊人的业绩，不到三年，他就创办了自己的商贸公司，并将其命名为拉福商贸公司。而下海二十年以后，他创办的拉福商贸公司总资产从最初的二十万美元，发展到了两亿美元。比尔·拉福这个名字，也跻身到美国著名企业家的行列。

　　在一次一次令人意外的选择背后，都是拉福计划之内和预料之中的安排。他想要成为优秀的商人，所以学习机械，攻读经济学硕士，考公务员进入政府部门工作等，都是在为自己的目标做准备。而在真正投入商海之前，他一定要确保自己的准备工作已经做好。所以在政府部门工作了五年之后，他觉得时机已经成熟，自己可以凭借这么多年学来的知识和经验驰骋商海了。他不匆忙，也不忙碌，而是一点一点地沉淀自己，让自己变得优秀，精通成为一个商人所需要的必备技能。所谓有备无患，他在商海打拼才有了坚实的基础。

【智慧屋】

耐得住寂寞，才能守得住成功

信息科技的进步让我们的心变得越来越浮躁，我们耳边也充斥了很多别人的声音。有时候你正想要好好沉寂下来做一件事情，手机上会马上出现一条消息，于是你又马上放下手里的事情，去赴朋友的约会。或者是，你根本没办法自己一个人待着，这样的情景总让你感觉怪怪的。所以你必须去凑热闹，必须往人多的地方扎堆。对于提升自己这回事，永远只保持着三分钟的热度，三天打鱼两天晒网，得不到一个好的结果。

而那些真正能成就大事业的人，总是一个耐得住寂寞的人。他们与自己独处的时候，就是不断学习不断提高的时候。他们不害怕一个人待着，相反，他们会把自己一个人的时光看作是一种机会。而这么多人都拥有的这个机会，却只有他们真正抓住了。

不要活在别人的评价里

在家里我们有家人，在公司我们有同事，他们基本上属于我们生活中最亲近的人。但是，就是这种最亲近的人，很喜欢来干涉我们的选择。比如你想报一个班去学习舞蹈，这时候会有家人站出来说："我劝你还是不要报这个名了，你看看你的身材，都胖成这样了，你在哪里见过长得这么胖的舞蹈演员？我看你去了也坚持不了几天，肯定是半途而废，所以还是不要浪费这个钱了。"

你一听，好像也挺对，自己肯定是坚持不了的，所以干脆还是放弃比较好。这就是活在了别人的评价里，他们认为你办不到的事情，你自己也会跟着这么想，觉得自己就是办不到，从而放弃尝试，以后只要一想起这件事，你就会觉得这是自己的软肋，自己不可能把这件事情做好。

放弃追求完美，你才会更完美

现在很多人都喜欢用"强迫症"来标榜自己，而追求完美也成了强迫症里的一种。

这一类人对自己有着相当严格的要求，不管做什么事情，想要十全十美，不能留下一点点缺憾。看似是在追求一种美好向上的东西，但实际上追求完美的人是天生悲观的人，在他们眼里永远都会看到事物的缺憾，所以才想要不断地去弥补，去挽救，去让这件事情变得圆满，变得无懈可击。但世界上真的存在完美这回事吗？答案显而易见，只是我们依然执迷不悟，还在孜孜不倦地追求。

很多人说，我要变成一个完美的女人，或者我要变成一个完美的男人。等到他们真正投入关于这场完美的追求当中去的时候，才会发现，这个世界关于完美的标准是永无止境的，而对于完美的定义也是随时在改变的。就算倾其所有，也不可能追上它的步伐。这个时候，迷途上的人们才会明白，或许自己只有放弃追求完美，才可以变得更加完美。

我们为了得到那个最好的，往往会付出比别人多几倍甚至几十倍的努力，但最后的结果是没有得到，那我们就会产生巨大的心理落差。认为这就是一种不完美，而自己的人生是不容许出现不完美的。所以很多情绪的崩溃都是由于自己接受不了不完美打击造成的。

当我们试图去追求更多更好的时候，也许追求到最后也是两手空空，一无所获。法国的大思想家卢梭曾经提到过："大自然塑造了我，然后把模子打碎了。"

这句话正好说明了人的不完美是符合自然规律的。

有一个渔民，在无意之间捡到了一颗非常大的珍珠，他拿在手里看了半天，很是喜欢。但是，最后他还是发现了这颗珍珠的不足之处：珍珠上有一个黑色的斑点，虽然不是那么明显，但是发现以后很影响珍珠的美观，也很影响珍珠的价值。

想到这里，渔民用工具在珍珠的表层狠狠地刮掉了一层。可是等他刮完，再拿起珍珠看的时候，还是发现了那个小黑点。一想到这个小黑点这么碍事，他又拿起刀刮掉了一层，可是刮掉第二层以后，黑色的斑点依然还在。

于是他没完没了地想要去掉那个斑点，所以没完没了地用刀刮去珍珠的表面。

最后，这位渔民欣喜地发现珍珠上的那个黑点不见了。但同时他也发现，那颗硕大无比的珍珠也不见了，它变成了一小撮珍珠粉。

既然没有完美的人，那肯定也不会有完美的事。而我们还是像这个渔民一样，孜孜不倦地追求着事情的完美。在这种近乎苛刻的要求之下，我们并没有得到一颗毫无瑕疵的珍珠，而是亲自将手里的珍珠一点点毁灭掉。有一位哲人曾经说过："完美的秘诀就在于放弃追求完美。"

在处事中，我们想要做得更好本来是一件好事，但如果一味地去追求那个最好的，就容易本末倒置，将好事变成了坏事。很多时候，我们需要与自己对比去发现更好的，而不是去追求最好的。

【智慧屋】

对自己要有准确的认知和定位

如果我们不能正确认识自己，在生活中找不到自己的定位，那就很容易盲目。会不知道什么东西是最适合自己的，什么东西对自己来说是最好的。如果我们能够准确地认知自己，找准自己在生活中的定位，知道自己追求的是什么，就会懂得适可而止，而不去过分追求完美。对自己的认知要从几个大的方面去考虑，比如家庭背景，经济状况，学习能力，工作能力，专业基础能力。综合多方面的信息来衡量，才能得出一个准确又清楚的认知和定位。有了这一层的认识以后，就不会过于狂热地去追求事情的完美了。

面对现实，目光要放远

当我们在现实生活中遇到一些比较麻烦的问题和事情的时候，完美主义追求者会表现得十分焦虑不安。因为他们觉得这些麻烦事破坏了他们完美的生活节奏，即便是后来得到解决了，他们也会想要得到一个一劳永逸的方法。也就是希望能掌握一种方法让麻烦的事情永远也不要再出现。但谁都知道世界上是不存在这种方法的。所以，我们要把自己的目光放长远一点，当遇到一些麻烦事情的时候，就积极地去想办法解决它，并提醒自己在以后的生活中要加以改正，这才能让自己活得更好。

学会享受当下

对于很多人来说，最好的永远在路上。在这个观点的支配下，没有人会觉得此时此刻对于自己来说就是最好的。所以人们永远在忽视现在，幻想将来。这实际上是一种错位的人生体验，如果我们学会享受当下，而不活在对未来的幻想之中，就会更容易快乐和满足，也不会陷入过度追求完美的泥塘中去。

懂及时放手，也懂适可而止

　　待人处世，最忌讳的就是过了头。"过了头"就是失去分寸，没有把握好尺度。我们说凡事都要有个度，这个度就是多一分则过，少一分则不及。这种尺度意识在很多人的行为表现中却并不是那么清晰，他们对于"适可而止"的概念也很模糊。有时候会付出太多的热情，有时候又会显得过于冷淡了些。如果我们想要把握好这个度，就要找到一种平衡，让自己不至于向哪一个方向有所倾斜，这样才能掌握好办事的分寸和做人的尺度。

　　意大利有一句名言是这样说的："过分的行为导致灾祸。"简单的一句话却道出了耐人寻味的真理：如果想要改善自己的处境，就要注意自己的一言一行，不说过头的话，不做过头的事。否则只会让自己陷入不利，给自己埋下祸患。在生活和工作中，当我们能把事情处理到恰到好处之时，自然也会让自己的人生境界得到升华。

【智慧屋】

多考虑一下别人的感受

　　所谓己所不欲，勿施于人。连我们自己都接受不了的一件事情，为什么还要去强加给别人呢？这样做的道理何在呢？当别人不顾我们的感受，毫无分寸地对我们造成了侵犯，我们也会感觉到糟糕。所以想要建立一种自己对人对事的分寸感，换位思考是必不可少的。而那些不懂得适可而止，毫无分寸意识的人，总是为自己想得多，为别人想得少。毫无顾忌，便会毫无分寸。而有所顾忌，便会懂得分寸的重要性。

控制住喜怒哀乐，你才会获得"有效"灵魂

喜怒哀乐本来是人的几种基本情绪，是我们发泄自己不同情感的直接体现。

但我们在此要强调的是如何去控制我们这种喜怒哀乐的情绪，才能在生活和工作上成为我们的一臂之力，而不是阻力。有人说，当你学会控制自己心态的时候，你就是成功的，而当你学会控制自己情绪的时候，你就是优雅的。我们想做一个能控制自己情绪的人，是因为我们不想做一个被自己情绪控制的人。能控制自己情绪的人是一个伟大的人，而被自己情绪控制的人则是一个不成熟的人。

生活中的很多问题都能给我们带来不良情绪，我们的不良情绪对问题的解决可是一点帮助都没有。有些时候，我们的不良情绪还会成为解决问题的大阻碍。如果我们不能成为情绪的主人，那就只能沦落成情绪的奴隶。当一个人跟着自己的情绪走的时候，就是很危险的时候。如果我们能心平气和，那世界也是心平气和；如果我们暴跳如雷，那世界也会跟着暴跳如雷。

芬妮在生活中是一个很喜欢发脾气的女孩子，她的情绪很不稳定，总是会因为生活里的一些小事而大发雷霆。所以，她经常和身边的人发生这样或那样的摩擦，人际关系处理得不是很好。因为她的坏脾气，也导致了自己和男朋友的关系非常紧张，最后因为男友

不想再忍受，和她提出了分手。经过这一系列打击以后，芬妮变得有点低落，情绪也更加接近崩溃。

为了改变自己的现状，她向一个是心理学家的朋友求助。朋友听完她的诉说以后，安慰她说："现在的情况对于你来说可能确实有点糟糕，但是通过我的一些指引，我保证很快你的情况就会有所转变，不要太担心了。"

朋友教给芬妮的第一件事情就是让自己变得安静下来，并且在这份安静之中好好休息，好好生活。为了调整自己的状态，芬妮听从了朋友的建议，改变了自己一直忙忙碌碌热热闹闹的生活方式，她给自己放了个假，让自己在静谧之中得到了放松。这种生活状态维持了一段时间以后，朋友又建议她，在以后的生活中，如果自己想要发脾气了，就先思考一下，究竟自己是为了什么在发脾气，而整件事情之中，触动自己发脾气的点又在哪里。

朋友告诉她："对于这个问题，你可以从多个角度来进行思考。比如，你可以任由那些让你生气的事情在自己的脑子里反复翻搅，你也可以淡定从容，把问题统统交给自己的思想，保持一种顺其自然的心态。"说完，朋友拿出两个瓶子交给了芬妮。这两个瓶子都是带有刻度的透明瓶子，朋友在两个瓶子里分别装了一半的清水。随后，朋友又取出一个袋子，袋子里装着蓝白两种颜色的玻璃球。

朋友又对芬妮说："以后你感到生气的时候，就从这里拿出一个蓝色玻璃球放在其中一个瓶子里，而当你把自己的脾气压下来，想发而没有乱发脾气的时候，你就拿一个白色的玻璃球放到另外一个瓶子里。而我要跟你强调的最重要的一点就是，从现在开始，你就要学会克制情绪，如果不去这样做的话，你只会让自己的生活变得更加糟糕。"

回去以后，芬妮严格按照朋友的建议行事。过了一段时间，朋友又过来拜访她，她们拿出了那两个透明的瓶子，并且把里面装着的玻璃球都捞了出来。这个时候，她们发现，那个放着蓝色玻璃球的瓶子，里面的半瓶清水变成了半瓶蓝水。原来，朋友在这些玻璃球上涂上了一层水性蓝色涂料，所以当这些玻璃球被浸到水中以后，那一层蓝色染料就会在水中溶解，所以水也就变成了蓝色。

朋友对芬妮说："看到了吗，以前瓶子里的水是清水，等你发完脾气以后，玻璃球上的蓝色染料就溶进了水里，所以清水变成了蓝水，被你的坏脾气污染了。我们的一言一行都会对身边的人造成影响，所以我们情绪不好的时候，也会感染到别人。当我们心情不好的时候，就要学会控制自己。否则，我们将自己的坏脾气发泄到别人身上，就会给别人造成伤害，即使你事后道歉，也难以将你们的关系修复到从前那样的好状态。"

我们可能会因为自己的情绪失控而错失一次良好的机会，或者错过一个不错的恋人，丢失一份美好的友谊。而当我们学会控制情绪以后，就会发现自己的生活也随之改变了。

有一个来自西藏，名叫爱地巴的人，他经常用一种很独特的方式来约束自己的脾气。每次他因为和人起争执而非常生气的时候，就会用最快的速度跑回自己家，然后再绕着家里的房子和土地跑上三圈。跑完以后，他就瘫坐在地上，一边喘着粗气，一边反思自己的行为。

由于他平时非常勤奋，人也比较能干，所以他家里的房子也是越盖越大，拥有的土地也是越来越多。但是，不管自己的房子和土地面积扩大了多少，他还是遵守着自己的那个老规矩，就是只要与人发生争执感到生气的时候，都会绕着自己的房子和土地跑步三圈。

周围认识他的人都对他的这个行为表示不解，也有人向他提出过自己心中的疑问，但是爱地巴都没有给出正面答复。

后来，爱地巴年纪很大了，自己家的房子和土地的面积也比以前更大了。但是，每当他生气的时候，他还是会拄着拐杖绕着自己的房子和土地走上三圈，虽然这个过程很艰难，但是他依然要坚持走完。走完以后，还是坐在地上喘着粗气。家人看见了都说："您现在年纪大了，这方圆这么多人家，找不出第二个人，家里的房子和土地比您的大，您为什么还是一生气就围着房子跑？"

在家人的再三追问之下，他终于道出了自己心中的秘密："以前年轻的时候，只要是和别人发生争吵，我就生气地绕着房子和土地跑上三圈。一边跑的时候，我就一边想，自己的房子和土地都这么一点儿，我哪里来的时间和精力去和别人生气，根本就没有生气的资格嘛。每次只要想到这里，我就会马上消气，然后就把所有的时间用在自己的工作上。"

家人依然有一点不明白，于是继续问道："那您现在都这么富有了，为什么还是这样跑呢？"

"我现在生气的时候，还是会绕着房子和土地跑三圈。但是一边跑的时候，我也一边在想，我现在的房子都已经这么大了，土地也已经这么多了，我又何必去跟人生气呢？根本就没有这个必要计较了嘛。所以，一想到这个，气也马上消了。"

生气是一件很浪费时间的事情，我们有这个时间还不如多花一点在工作上。等有朝一日，我们也会说："现在都已经过得这么好了，又有什么必要去生这个气呢？"

【智慧屋】

坚持做一项有氧运动

有很多方法可以帮助我们改善情绪容易失控的毛病，但是如果你想要让这种改善得到一个长期的维持，或者说从根本上解决这个问题，那坚持做一项有氧运动就是一个不错的选择。比如游泳跑步，冥想瑜伽等。选择一个自己喜欢的并有条件长期坚持的，在你去做的这个过程中，就会慢慢发现自己的改变。有研究表明，运动本身是可以让人保持心情愉快的，有些时候，甚至会比服用药物都要管用。所以，想要改善自己的不良情绪习惯，从运动着手是一个不错的选择。